国家社会科学基金项目
“新时代城乡社区治理体系建设研究”（21BSH20）阶段性研究成果

社 会 工 作 管 理 丛 书

社会工作应急管理

EMERGENCY MANAGEMENT OF SOCIAL WORK

谢建社　编著

社会科学文献出版社
SOCIAL SCIENCES ACADEMIC PRESS (CHINA)

前 言

PREFACE

我们已经进入社会发展的新时代，其重要标志是社会主要矛盾转化为人民日益增长的美好生活需要和不平衡不充分的发展之间的矛盾。

社会主要矛盾变化，一方面表现为社会生产力的快速发展以及我国经济实力、综合国力的大幅跃升和提高，但发展当中依然存在不协调、不平衡、不充分的地方，另一方面表现为人民生活需要同样发生了显著变化，不再局限于衣食住行等物质方面的“硬需求”，而是更加强调民主、法治、公平、正义、安全、环境等方面的“软需求”。因此，在新时代新征程中我们广大社会工作者必须把应急管理的重点放在解决“不平衡不充分的发展”这个新的矛盾的主要方面上。由于经济发展迅速，社会生活瞬息多变，社会矛盾触点多、燃点低，突发性公共事件不断涌现，再加上各种自然灾害、安全事故频繁发生，社区各种各样的危机事件层出不穷。在这种情况下，社会应急管理迫切需要社会力量的广泛参与、联动。其中，社会工作者作为专业助人的职业，在社区发展、社会福利、社会救助、医疗卫生、犯罪预防等领域发挥了积极作用，是政府公共服务的有力助手，社会工作在化解社会矛盾方面，扮演着减压阀的角色。要提高社会应急管理的能力和水平，就需要建立党委领导、政府负责、社会协同、大众参与的应急管理模式，进而整合社会资源，形成社会合力。

一　发挥社会工作专业优势在社会应急管理中的作用

新冠疫情的发生使应急状态下的社区防控更加为人们所重视。在应急管理过程中，广大的社会工作者们亲临防疫一线开展专业服务，也有的因特殊需要而选择在线上开展服务，还创造性地提供无接触服务，如通过大数据、人工智能、健康心理加油站等方式开展服务，充分体现了社会工作者的责任与担当。为此，2020 年 2 月 23 日习近平总书记《在统筹推进新冠肺炎疫情防控和经济社会发展工作部署会议上的讲话》为全国各地、各行各业的防控新冠肺炎疫情和促进经济社会发展工作指明了方向并提出了新的要求，特别强调“要发挥社会工作的专业优势，支持广大社工、义工和志愿者开展心理疏导、情绪支持、保障支持等服务”。① 要进一步发挥社会工作者的专业性、积极性和主观能动性，以更高的政治站位、更饱满的专业情怀、更高度的责任意识、更科学的专业方法，参与到这场具有重大挑战的防控新冠肺炎疫情和促进经济社会发展工作中来。社会工作的专业优势中最为重要的是其助人自助的核心价值观，扮演各种社会角色，运用科学的、艺术的工作方法，提供富有成效的社会服务，在应急管理中不仅有了“为”，而且有了“位”。

（一） 社工在社会应急管理中的角色优势明显

社会工作秉持助人自助的核心价值观，运用专业工作方法，在实务工作中扮演各种社会角色，灵活、合理地开展富有成效的社会服务。

1. 发挥社会工作的社会动员和社会组织作用

社会应急管理工作，需要通过多元化社会主体的共同参与，最广泛最充分地调动社会各方面的积极因素。在突发事件发生后，政府要努力拓宽社会参与渠道，形成全民动员、社会参与、共渡难关局面。可见，社会工作者的参与，一方面可以减少突发事件在社区居民中产生的恐慌情绪，让居民及时了解真相，起到稳定社会秩序的作用，另一方面可以开拓更广泛的信息渠道，提高政府决策的可信度和可行性，降低政府应急管理的成本。

社会组织在突发事件处置过程中发挥重要作用：可以在突发事件发生

---

① 习近平：《在统筹推进新冠肺炎疫情防控和经济社会发展工作部署会议上的讲话》，http://www.gov.cn/xinwen/2020-02/24/content_5482502.htm，最后访问日期：2021 年 6 月 21 日。

前进行宣传与预警、在突发事件发生时进行社会动员与整合、在突发事件结束后进行善后修复与回应反馈。可以说，只有发挥社会组织的力量，有效动员社区居民积极参与到应急管理过程中来，才能更快、更好地做好应急管理工作，从而实现突发事件的多元共治，并建立政府与社会组织的协作伙伴关系，形成良好的互动应对机制。

2. 发挥社会工作积极引导社会舆论和整合社会资源的作用

在社会应急管理过程中，社会工作者的倡导可作为政府宣传的补充机制和渠道，进一步强化、优化应急管理宣传工作。从实践来看，在疫情防控期间，广大社会工作者采取线上、线下相结合的方式开展应急管理倡导，如通过发微信、制作宣传视频、编写顺口溜等方式倡导少出门、出门戴口罩、回家勤洗手等自律性防控措施，从而进一步强化了宣传工作效果。同时，针对独居孤寡、低保低收入和残障人士等困难群体，广大社会工作者通过“服务 + 倡导”的方式，开展到户到人的精准服务，有针对性地对各类困境群体开展家庭防疫、抗疫指导和宣传活动。另外，长时间宅在家里，居民难免会因生活方式的突然性改变而产生各种不适应问题，如会出现生活单调、郁闷、焦虑等各种不良反应。这些更需要社工通过咨询式倡导和心理辅导等手段有效解决。

疫情发生初期，一些防护物资出现供应不及时等问题，如何精准、快速整合和链接社会资源，实施快速、高效社会应急服务，当好有效的资源传送者，就成为摆在社会工作者面前的任务。社会工作者由于既熟悉服务对象及其需求，也了解国家政策，在应急管理中，在社区一线，能获得各方信任和支持，能链接各方资源开展相关服务工作。例如，在疫情防控期间，广大社会工作者充分利用“社工 + 慈善”的机制优势，广泛链接社会资源，汇集与壮大应急管理的社会力量，整合社会组织、公益机构、基金会、企业等力量积极参与应急管理工作。

（二）“五工联动”模式，助力社区应急管理

社会工作在应急管理过程中，要充分运用以党建为引领，以社区为平台、社会组织为载体、专业社工为支撑、社区志愿者为有益补充的“五工联动”（党务工作者、工会工作者、社会工作者、志愿者、企业职工联动）

社区治理机制，化解社区矛盾，解决社会问题。要进一步摸索出党建引领、“五工联动”携手同行、社会组织服务运营、企业职工协商、社会工作服务标准化、共建共治共享新格局和多方联席会建设的“多位一体”资源整合、联动服务模式。

1. 先锋模范引领，党群服务助攻坚

在社区应急管理过程中，我们常常看到一名党员就是一面旗帜。党务工作者在关键时刻勇挑重担，发挥先锋模范作用，以主动担当的实际行动践行共产党员的初心使命。例如，在疫情防控中，社区党员志愿者充分发挥先锋模范作用，社区工作者通过公众号、微信等方式为党员志愿者提供防疫知识及服务技巧的培训，让冲锋在应急管理一线的党员志愿者既能做好个人防护又能更有效地开展防疫志愿行动，党群共筑应急管理堡垒。

2. 开通应急管理热线，构筑温馨家园

疫情防控期间，全国各地社工服务机构纷纷开通心理咨询服务热线，为有需要的居民提供防疫资讯、政策指引、压力缓解、情绪疏导等服务，构筑社区居民的温馨家园。仅以广州为例，全市社会工作服务机构开设了235条“社工红棉守护热线”。一场疫情，一条温暖热线，让社区居民懂得：家是社会细胞，社区是人们生活最温馨的家园；宅在家里，保护自己，也为了他人。社工充分发挥自身专长，用“艺”战“疫”，以“宅家抗疫”“有序复工复产复学”为主题，用诗歌、快板及绘画、书法、手语舞蹈、摄影等艺术形式创作助“疫”作品。在进一步科普防疫知识的同时歌颂人间大爱，为抗疫一线人员加油鼓劲，为打赢疫情阻击战汇聚更多社会力量。

二　社区应急管理下的中国社会工作创新

在社区应急管理过程中，社会工作的专业优势日益凸显，社会工作者应当以新时代社会治理体系与治理能力建设为契机，努力获取应有的地位，政府也应将社会工作纳入社区应急管理体制机制中统一调配使用。在强化社区应急管理知识、能力训练，强化社会工作专业知识、技能训练的同时，也要根据我国基本国情以及重大突发公共事件发生的广度、频度和深度，扩大社会工作者参与社区应急管理服务的规模。

（一） 创新社会工作方式方法助推社会治理机制创新

加强和创新社会治理，发挥社会工作在社会治理中的作用，推进社会治理现代化。社会工作者的根在基层，服务困境群众是其专业使命。社会工作在城乡社区开展社会救助、老年人服务、残疾人服务、儿童服务、婚姻家庭服务等。要引导社会工作专业人才到社区扎根，夯实社区基础。进入新时代，社会工作事业正在各个服务领域加快推进和发展，不断满足人民日益增长的社会服务需求。

21 世纪以来，我国以城乡社区为载体的社区化治理方式应运而生，有效地促进了基层社会治理转型，推动了我国治理体系和治理能力现代化建设。社会工作社区应急管理坚持以人为本的治理理念，调动社区各方主体尤其是人民群众广泛参与。社会工作在社会治理中，积极倡导党建引领“先锋团”、社会协同共治“模范营”、改革创新“尖刀连”、应急管理“红旗班”，助推社会治理创新。

可见，创新社会治理需要社会工作，社会治理目标与社会工作功能高度相关，社会工作的核心价值有助于创新社会治理理念。社会工作具有激发社区居民潜能、促进流动人口社会融合、推动社区居民继续社会化的作用。可见，社会工作在新时代社会治理的背景下具有更大的发展空间。

（二） 创新培养社会工作应急管理人才机制

社会工作专业培养的是具有社区服务与公共应急管理能力的现代实用型人才，要求学生系统地掌握社会学、心理学、公共管理、公共政策等专业知识，并具有组织协调、沟通合作、调研分析、咨询策划、信息技术应用等高素质社会应急管理与服务人才所需要的重要素质。社会工作专业人才需要熟悉政府部门、社会组织和企事业单位管理与服务的运行规律，在社区建构共建共治共享的工作格局中，通过综合运用专业理论知识和专业服务技能从事应急管理工作。

1. 建立健全社会工作专业人才介入社区危机预防机制

社会工作参与社区应急管理一般是分阶段进行的，在不同的阶段，居民的心理及需求是不同的，社会工作介入和服务的内容也应有所改变。有效评估社区服务需求、精准识别服务对象，是社会工作专业人才介入社区危机应对的重要任务。从社会工作的视角来看，与危机预防、危机识别、危机管理相联系的是社区危机预警体系、社区危机工作支持体系、社区危机管理服务体系和社区保障体系。因此，专业社会工作人才对社区应急管理系统介入和社区服务具有重要意义。

在新时代，要按照政府职能转变要求，将适合由社会力量承担的服务对象及其家庭调查、需求分析和社会政策成效评估等从具体事务中剥离出来，交给社会工作服务机构和社会工作者承担，使社区危机得到更准确、全面、科学的预估。要通过建立完善的社会工作服务人才介入机制，使社区应急管理取得良好的成效。

2. 建立健全社会工作专业人才介入应急管理服务机制

在应急管理过程中，除经济困境外，社区居民还面临心理压力巨大、支持网络薄弱、家庭关系失调等问题，无法单纯通过物质和资金救助解决，必须充分发挥社会工作专业人才服务的作用。社会工作专业人才具有立足社区、深入社区的优势，能切实承担起使社区居民摆脱困境、提升社区居民自助能力、增进服务对象福祉的责任。可通过社会工作专业人才服务，明确社区应急管理责任，满足社区居民的服务需求。社会工作专业人才介入应急管理服务机制是一个系统工程，涉及社会政策、社会组织、社区居民、社区治理、社区环境等诸多要素。这就要求，社区应急管理重在预防，关口要前移，防患于未然，从制度上预防突发事件的发生，及时消除风险隐患。只要专业人才到位、管理措施得力、应对机制有方，预防和减少社区突发事件发生、减少和消除突发事件引起的严重社会危害，是完全可能的。

（三）强化社会工作在社区应急管理中的专业功能

强化社会工作在社区应急管理中的专业功能，也是新时代社会工作服务的一个突出亮点。社会工作在社区应急管理中具有独特的功能和优势，扮演着不可替代的角色。

1. 拓展社会工作心理疏导与慰藉功能

社会工作介入应急管理服务，可以起到为社区居民进行心理疏导和情绪抚慰的作用。社区应急事件发生后，社区居民会产生心理压力和情绪问题，如不能得到及时疏导，极有可能使事态恶化，甚至使之出现过激行为，影响社会和谐稳定。社会工作者及时出现在应急事件现场和困境居民身边，运用专业理念和方法帮助社区居民及其家庭，化解压力、疏导情绪、解决问题，是社会工作在应急管理中的重要价值所在。

2. 拓展社会工作大数据与信息整合功能

大数据为城乡社区应急管理体制创新注入了新的理念和能量，大数据成为社区应急管理的重要时代特征。大数据技术的产生，为提高社区应急管理过程中的可预见性和科学性，提供了精准的信息。同时，大数据信息风暴开启了时代的巨大转型，人类的生活、工作和思维方式都随之发生了重大变革。因此，利用大数据为社区应急管理提供有效信息，有利于提高社区应急管理效率、节约管理成本和减少应急事件带来的损失。

社会工作介入应急管理服务，具有强化信息传递与资源链接功能。开展社区应急管理工作需要统筹发挥各项社会政策、社会制度的综合效应，形成政府部门之间、政府与社会力量之间高效联动、紧密衔接的工作网络。社会工作服务机构和社会工作者是这一网络的重要组成部分。社会工作者既可以充分发挥了解社会政策、熟悉社区路径的优势，切实承担起为社区居民提供公共危机事件发生前、发生中、发生后的相关信息并提供救助资源的职责，又可以充分发挥在链接社会资源、引领志愿者、整合社会服务力量等方面的优势，提升社会治理成效。

3. 拓展社会工作服务与成效评估功能

社会工作介入社区应急管理服务，具有强化服务和成效评估的功能。社区应急事件发生后，社区居民除原有的服务需求外，往往会产生新的服务需求，如大病治疗后的家庭生计与家庭关系问题、流浪乞讨人员回到原籍后的家庭与社会融入问题、自然灾害过后的社区与人际关系重建问题等。社会工作在立足于临时的、应急性服务的基础上，着眼于长期的、持续的服务，通过建立社区危机预防机制、危机干预机制和危机评估机制，进一步完善跨区域、跨领域、跨部门、跨行业和跨机构的社会工作服务网络，使对社区居民服务需求的回应能有机衔接、持续跟进，从根本上解决社区居民面临的危机问题。

本书出版的目的在于激发广大学生和社区社会工作者树立公共危机意识，学习应急管理知识，提升危机预见能力、防控能力和治理能力。本书呈现了运用社会工作专业理论知识，分析社会应急事件，以及社会工作介入社会应急管理的功能等相关内容。社会工作应急管理将在社区治理、减少社区矛盾和解决社区问题、建构和谐社会中发挥积极作用。

目 录

CONTENTS

第一章

社会工作应急管理导论

居安思危、增强忧患意识，是我们党不断自我完善和发展、永葆青春的强大动力，是我们党始终保持先进性、不断提高执政能力的重要条件。树立危机意识，提升危机应对能力，坚持总体国家安全观，是习近平新时代中国特色社会主义思想的重要内容。① 党的十九大报告强调，统筹发展和安全，增强忧患意识，做到居安思危，是我们党治国理政的一个重大原则。这对于新时代坚持总体国家安全观、坚定不移走中国特色国家安全道路、完善国家安全体制机制、加强国家安全能力建设、有效维护国家安全、实现"两个一百年"奋斗目标、实现中华民族伟大复兴的中国梦，具有十分重要的意义。

邓小平同志在40多年前就曾告诫我们，不要怕冒一点风险，我们已经形成了一种能力——承担风险的能力。② 改革开放越前进，我们承担和抵抗风险的能力就越强。我们处理问题，完全没有风险是不可能的，冒点风险不怕。我们党正是着眼于国家和人民的未来，敢于抓住主要矛盾、勇于直面风险考验，最终化危为机。

党的十八大将"社会建设"纳入"五位一体"总体布局，并提出要加强和创新社会管理。十八届三中全会通过了《中共中央关于全面深化改革若干重大问题的决定》，首次将"推进国家治理体系和治理能力现代化"写进全面深化改革的总目标，并提出了创新社会治理体系的新要求。从党

---

① 张蕴岭：《统筹发展和安全》，《人民日报》2018年3月19日。

② 人民日报评论部：《宁要微调，不要危机》，《人民日报》2012年2月23日。

的十八大到党的十八届三中全会，从“社会管理”到“社会治理”，在很短的时间内，仅有一字之差，却反映了党和政府从“管理”国家到“治理”国家的理念上的变革，以及我国社会建设的未来发展方向。“社会治理”与“社会管理”的一个重要区别在于，“社会治理”在实践上更聚焦于激发社会组织活力、预防和化解社会矛盾、健全公共安全体系等。早在2006年，党的十六届六中全会就提出要充实公共服务和社会管理部门，配备社会工作专门人员，完善社会工作岗位设置，通过多种渠道吸纳社会工作人才，提高专业化社会服务水平。这体现了党和政府对于社会治理的关注，以及对社会工作在社会治理中发挥协同作用的重视。社会工作应该找准服务社会和参与社会治理的切入点，为构建社会主义和谐社会贡献力量。

我国是一个自然灾害多发的国家，突发事件的发生给人民的生命财产造成了巨大损失。突发事件是指突然发生，造成或者可能造成严重社会危害，需要采取应急处置措施予以应对的自然灾害、事故灾难、公共卫生事件和社会安全事件等。在过去相当长的一段时间里，城乡突发事件应急处置一直被认为是政府的责任，当然，政府无疑是责任的最大承担者，但这也让政府背负了巨大的压力。这些压力包括自上而下的刚性、体制性压力，也包括自下而上的公众对政府治理绩效评价的压力。① 在这些压力下，政府为城乡突发事件的治理投入了巨大的人力、物力和财力。社会工作是社会治理的重要组成部分，它是一种体现社会主义核心价值观，遵循专业伦理规范，坚持“助人自助”宗旨，在社会服务、社会治理领域，综合运用专业知识、技能和方法，帮助有需要的个人、家庭、群体、组织和社区，整合社会资源，协调社会关系，预防和解决社会问题，恢复和发展社会功能，促进社会和谐的职业活动。② 在党的十八届三中全会精神的指导下，结合社会工作的核心价值理念，社工机构应该协助政府应对城乡突发事件，因为社会工作在本质上是与社会治理体制建设相契合的。一方面，社会治理的基本理念是维护广大人民的根本利益和社会秩序。而社会工作

① 赵伯艳：《社会组织在公共冲突治理中的作用研究》，人民出版社，2012，第2页。

② 王思斌：《社会工作综合能力（初级）》，中国社会出版社，2009，第3页。

的基本理念是以人为本，帮助有需要的人解除困扰，使其能正常生活，并促进社会正义和社会进步。[①] 另一方面，社会治理致力于激发社会组织活力、预防和化解社会矛盾、健全公共安全体系等。我国在社会转型过程中会面临一系列新的社会问题。在现阶段的城乡社区突发事件中，社会工作者在社会工作核心价值理念的指导下，运用专业知识和专业服务技巧帮助弱势群体解决困难，预防和应对突发事件，减轻政府的负担和弥补政府、市场的不足。

由于现阶段城乡社区突发事件涉及的社会阶层复杂、范围广泛，加之对于社会工作参与应急管理的研究相对较少，社会工作者在介入突发事件、处于混乱的环境、直接面对当事人时，可能会出现茫然甚至不知所措的状态。为此，社会工作者需要掌握社会工作技巧和方法，采取灵活的服务策略以应对多变的环境和事件，真正化解危机，以此获得社会的认同。

第一节 社会工作应急管理的基石

党的十六届三中全会明确提出了“建立健全各种预警和应急机制，提高政府应对突发公共事件和风险的能力”的要求，并开始着手各类应急预案的编制和有关法律的制定工作。2007 年 8 月 30 日，第十届全国人民代表大会常务委员会第二十九次会议通过了《中华人民共和国突发事件应对法》，并于同年 11 月 1 日开始施行。其中，第五条明确了突发事件应对工作的原则是以预防为主、预防与应急相结合；第三十四条明确了国家鼓励公民、法人和其他组织为人民政府应对突发事件工作提供物资、资金、技术支持。需要特别指出的是，这两项规定表明突发事件的应对重心在于前期的预防工作，同时强调了全民参与，而非塑造“全能型政府”，这体现了由传统社会管理向社会治理转变的新方向。社会治理的关键在于突发事件应急管理，同时需要吸纳民智，鼓励公众参与，并充分发挥社会组织的作用。社会工作机构能够综合运用社会工作专业知识、方法和技能，开展

---

① 王思斌：《社会工作在创新社会治理体系中的地位和作用——一种基础—服务型社会治理》，《社会工作》2014 年第 1 期，第 3～10 页。

困难救助、矛盾调解、权益维护、心理疏导、行为矫正、关系协调等服务活动。因此，社会工作应急管理在突发事件管理中的基础性作用主要有两点。第一，社会工作者能够在突发事件发生初期介入事件，直面当事人，掌握信息，分析问题，对事件的扩大和蔓延具有预防作用；第二，社会组织能够弥补政府功能之不足，具有协同作用。

一　突发事件的预防

近年来，在我国，包括自然灾害、事故灾难、公共卫生事件、社会安全事件等在内的公共危机不时发生，再加上世界金融危机对我国实体经济的影响逐步显现，如何成功地规避风险、合理地分担风险、有效地应对危机成为各级政府和社会各界极为关注的课题。

“冰冻三尺非一日之寒”，越来越多的事实告诉我们，社区突发公共事件并非真正“突发”，而是有征兆可寻、有端倪可察的。社会问题的叠加形成社会风险，社会风险的扩大必然演变成公共危机。社会问题是社会风险的表征，社会风险是社会问题扩大而造成危害的社会结果，一旦这种可能性转变为现实，就会产生公共危机，它们之间存在着“因果链”。然而，我国公共安全管理与社区居民的期望、社会发展的要求还有较大距离，政府的公共应急管理能力有待提高。

突发事件分为自然灾害、事故灾难、公共卫生事件和社会安全事件等，社会工作可针对各类事件的特点，灵活运用行为策略，从源头上预防事件的发生。其中，预防指的是最大限度地防止突发事件的发生，并尽可能地减少事件所造成的影响和损失。根据不同类型的突发事件选择不同的应对策略，其起到的“预防性”作用主要有以下两方面。

第一，增强公民的风险预防意识。目前，人类还无法准确地预测每一次自然灾害发生的时间，也无法阻止自然灾害的发生，但是这并不是说无视灾害而任其带来危害。我们可以做的是利用知识和现代技术尽可能地将自然灾害所造成的经济损失和人员的生命安全受损程度降到最低。事实上，公众的风险意识和自救意识是抗灾救灾中最大的资源，提升公众的意识能够在很大程度上减少自然灾害造成的人员生命安全威胁和经济财产损失。与我国隔海相邻的日本是一个自然灾害频发的国家，因为其位于地震带上，长期受到地震、海啸和台风等自然灾害影响。这也让日本制定了完善的应急体系。地震之后，日本社区居民根据长期养成的技能和习惯自主避险，媒体、社会组织、政府也都能以最快的速度和非常专业的方式投入救灾。[①] 日本对公民从小就进行抗灾教育，学校也经常组织演习，又由于他们经常经历地震，公民从小就学到了应对地震和自救的知识，因此，他们在面对地震灾害的时候才可能做到井然有序。2011 年 3 月 11 日，日本当地时间 14 时 46 分，日本东北部海域发生里氏 9.0 级地震并引发海啸，日本地震和海啸破坏最严重的地区宫城县，有一所离海边仅 100 米的名叫“户仓”的小学，当地震来临时，全校 100 多名学生按平时的应灾程序钻到桌子底下，并按平时训练的要求，迅速离开大楼跑向操场，然后立即往高处躲避。最后学校的师生无一人在地震中遇难。由此可见，公民自身的意识和素质在应对自然灾害时是很重要的，然而这并非一朝一夕就能够形成的，需要社会各界的共同努力。

第二，不仅政府要培养公民防灾减灾的意识和教授知识技能，在事故灾难来临的时候公民也需要学会逃生自救技能，同时，公民还要有防患于未然的意识，从而尽可能降低事故灾难发生的概率和减少人员伤亡、财产损失。事故灾难主要包括工矿商贸等企业的各类安全事故、交通运输事故、公共设施和设备事故及环境污染和生态破坏事件等。[②] 事故灾难种类较多且涉及面较广，与自然灾害相比，发生率较高，所造成的影响也较大。为了预防事故灾难的发生，我国也颁布了相应的法律法规，例如《中华人民共和国建筑法》、《中华人民共和国海上交通安全法》、《中华人民共和国环境保护法》和《中华人民共和国放射性污染防治法》等。

公共卫生事件和社会安全事件的发生不仅会导致社会矛盾发生，也会对社会的稳定和经济的发展产生一定程度的影响。《突发公共卫生事件应急条例》第二条对公共卫生事件有明确的定义，其是指突然发生，造成或

---

① 《日本何以处“震”不惊》，http://news.ifeng.com/opinion/special/ribendizhen/，最后访问日期：2011 年 3 月 12 日。

② 尹保华：《突发事件的社会工作应对策略》，《社会科学家》2009 年第 7 期，第 93～95 页。

者可能造成社会公众健康严重损害的重大传染病疫情、群体性不明原因疾病、重大食物和职业中毒以及其他严重影响公众健康的事件。而社会安全事件更是会对社会稳定发展造成威胁，从而增加了政府维稳管控的难度。

第一，社会工作在应对自然灾害、事故灾难和公共卫生事件中主要扮演的是教育者的角色，可增强居民的防灾减灾意识，使其学习到相应的知识和技能，起到防灾减灾的作用。社会工作者可以采用微观社会工作方法以及宏观社会工作中的社区工作开展教育活动，可采取消防演练、张贴防灾减灾知识海报、展板展示、派发宣传资料、现场防灾减灾法律咨询、有奖知识问答、互动游戏、灾害情景模拟等形式。虽然学校、机关单位、企业和社区等都有相关的演习活动，但是教育形式比较单一，社会工作能够弥补其不足。开展防灾减灾集中宣传活动，不仅可以达到增强居民防灾减灾意识的目的，还可以使社区居民加深对社工的了解，宣传了社工的服务以及理念，促进社区居民共同关心和参与防灾减灾工作。另外，这也是社会工作参与社会治理的切入点。同时，《突发公共卫生事件应急条例》的第五条规定，突发事件应急工作，“应当遵循预防为主、常备不懈的方针”；第十三条也指出“县级以上各级人民政府卫生行政主管部门和其他相关部门，应当对公众开展突发事件突发知识的专门教育，增强全社会对突发事件的防范意识和应对能力”。由此可见，无论是自然灾害、事故灾难，还是公共卫生事件，在事前的预防阶段对公众进行宣传教育是必不可少的。社会工作者深入基层群众中，与群众建立相互信任关系，灵活运用社会工作技巧与方法对社区居民进行宣传和教育，会取得事半功倍的效果。

第二，深入社区调查了解社会需求，及时化解社会矛盾。与自然灾害、事故灾难和公共卫生事件的相对客观性相比，“社会安全事件具有一个突出特点——人为性，即社会安全事件的发生存在一个行为人从预谋准备到着手实施的过程”。[①]《中华人民共和国突发事件应对法》第二十一条：“县级人民政府及其有关部门、乡级人民政府、街道办事处、居民委员会、村民委员会应当及时调解处理可能引发社会安全事件的矛盾纠纷。”这表明社会安全事件发生的根源在于社会矛盾，换言之，社会安全事件实际上

① 姚兵：《社会安全事件预防研究》，《理论月刊》2013 年第 11 期，第 112～115 页。

就是社会矛盾的外在形式。哥本哈根学派提出的“社会安全理论”是冷战后西方非传统安全研究中的一个重要理论。社会安全理论提出，社会是由群体认同界定的，因此社会安全实际上就是认同的安全。[①] 社会安全事件的产生是群体认同产生分歧和冲突，导致双方直接的对抗行为，主要类型包括群体性事件、涉外突发事件、金融危机、恐怖袭击事件和刑事案件等。我国正处于社会转型期，相关事件不时发生，社会安全事件的发生止严重危害着我国公民的生命安全。社会治理最理想的状态应该是国家、市场和社会共同作用，呈均衡状态，而事实上，国家仍然处于治理层次的中心，因此，实现良好的治理，不仅要提高国家的治理能力，也要提高市场和社会乃至公民个人的治理能力，让多元主体都参与到社会治理中。

社会工作者长期深入基层，作为基层工作者，能更多地了解民生需求，可以通过运用社会工作技巧和方法尽可能满足社区居民的需求，从而化解社会矛盾。从《中华人民共和国突发事件应对法》第二十一条可以看出，预防突发事件的焦点在于基层政府和社区自治组织，原因在于矛盾主要产生于基层，基层政府和社区自治组织最了解基层群众发生纠纷的根源。事实上，社会工作者长期在基层工作，更了解群众情况，因此，可根据调查分析和评估把握发生纠纷的原因，迅速做出应对或向有关部门反映，及时遏制矛盾的恶化。

二　社会治理的协同

社会工作在突发事件应急管理中的基础性作用还表现在，其对社会治理过程起到的“协同性”作用，这也是党的十八大提出创新社会治理的一个重要举措。要阐明社会工作对社会治理的“协同性”作用，需要对“协同”做明确的解释。所谓协同，就是指协调两个或者两个以上的不同资源或者个体，协同一致地完成某一目标的过程或能力。在组织社会学中，巴纳德（C. I. Barnard）的组织协作理论具有较大的影响。他在 1938 年出版的《经理的职能》中提出了组织协作理论，强调合作是个人和组织成功的

① 李明明：《社会安全理论探析》，《欧洲研究》2006 年第 5 期，第 37～51 页。

途径。[①] 他认为每个人都有可能受到来自活动环境和生物性质的限制，克服局限性的方法是相互合作的社会活动。同时，他也提出组织存在需要成员具有共同的目标，相互沟通并为共同利益而贡献力量。也就是说，协同合作的个体之间需要有一致的目标，并且，双方愿意为共同的目标而努力，可共享优势资源，形成互补。

政府与社会工作在突发事件管理过程中具有一致的目标是二者协同应对的基础。政府扮演着公共事务管理者和公共服务提供者的角色，尽可能满足公民需求，维护公民合法权益，促进社会稳定发展。专业社会工作的责任，是向不同领域、不同困境下的人群提供专业社会服务，使他们走出困境，回归正常生活，这可以改善当事人的生活境遇，增强其功能，也可以减少社会问题的发生。[②] 二者都向社会提供服务，虽然服务的类型不尽相同，但都是为了满足公民的需求，最终实现社会的有序发展。在应对突发事件过程中，政府与社会工作的目标都是预防突发事件的发生，在事发后尽可能减少事件带来的影响和损失，帮助受困群众脱离困境，重新融入社会。基于二者共同的目标，在以政府为主导的应急管理体系下，社会工作起到协同的作用。政府和社会工作在具有共同目标的基础上，还需要优势互补，实现社会治理最优化。社会工作在我国是新生的专业，同时，也正在探索本土化道路，但无论是从专业知识，还是从技巧和工作方法上看，社会工作都能够弥补政府在应对突发事件过程中的不足，以实现协同治理的目的。

以往大部分学者主要从政治学、经济学和管理学等视角对政府与突发事件应急管理之间的关系进行探讨，但是都过分强调政府在突发事件应急管理中的重要性，甚至塑造出“全能政府”的角色，却忽略了社会组织在突发事件应急管理中的作用。在布坎南看来，政府干预与市场制度一样有其局限性和缺陷，过分依赖政府干预也会产生不尽如人意的后果。[③] 也就是说，政府在应对突发事件的过程中并非全知全能，在某些领域还存在局

① 参见于显洋《组织社会学》（第二版），中国人民大学出版社，2009，第 55 页。

② 王思斌：《试论社会工作对社会管理的协同作用》，《东岳论丛》2012 年第 1 期，第 17～22 页。

③ 宁骚主编《公共政策学》，高等教育出版社，2011，第 65 页。

限性和缺陷，需要得到社会其他组织和个人的支持，以弥补政府在应急管理中的不足。乌尔里希·贝克在《风险社会》一书中提出，国家治理的失效有三种基本形式：结构性失效、制度性失效及政策性失效。[①] 政府是国家行政机关，治理失效也就是政府在社会治理过程中的执行力不足。制度性失效会导致局部区域利益受到影响，但也有可能涉及整体，造成结构性失效。制度性失效的主要表现在于：第一，制度制定不完善，存在制度缺位现象；第二，已有的制度不能适应社会发展，存在制度滞后性；第三，已建立的制度不能充分执行，其无法发挥作用。在突发事件应急管理过程中，制度性失效也表现得很突出，例如，《中华人民共和国突发事件应对法》第七条规定："突发事件发生后，发生地县级人民政府应当立即采取措施控制事态发展，组织开展应急救援和处置工作，并立即向上一级人民政府报告，必要时可以越级上报。"但是受到政绩考核机制等的影响，个别地方可能会存在隐瞒事实真相的现象。而政策性失效更为具体，并且发生频率也比较高。由于社会问题层出不穷、变幻莫测，政府制定的政策也难免会出现失效的可能性。例如，近年来，随着经济的发展，我国也付出了环境成本，如雾霾治理付出的成本。雾霾的形成有自然原因也有人为原因，其中，有一部分原因在于环保政策的失效。在突发事件应急管理过程中，不能单纯依靠政府，还需要市场、公民和社会共同参与，发挥三者在社会治理中的优势和作用，弥补政府在社会治理中的不足。社工机构和社会工作者个人，可以分别作为社会和公民的一分子，在社会治理中发挥自身具有社会工作知识和技能的优势，参与突发事件应急管理。

社会工作与政府相比，在应对突发事件方面的优势主要体现在三个方面。第一，更了解民生需求。社会工作者长期在基层工作，可深入群众与其频繁互动沟通，建立彼此间的信任和联系；在与群众互动过程中准确掌握民生动态，运用社会工作的调查方法，分析群众的需求。而且，在社会工作理念的熏陶下，社会工作者对于工作有极强的责任感和使命感，能够积极投入工作。政府有时无法准确、及时和充分地获得相关信息，因为在逐级通报的过程中容易出现信息失真，从而导致延迟治理。并且，政府及

① 乌尔里希·贝克：《风险社会》（第1版），何博闻译，译林出版社，2004。

相关部门的人员配备有限，管理领域广泛，因此不能够像社会工作者那样长期深入群众倾听民声。所以社会工作能够收集民声信息，在突发事件爆发前起到预防的作用，缓解社会矛盾，即使无法制止突发事件势态的发展，也能够为政府的应急管理提供有效信息，针对事件产生根源制定应对策略。例如：台湾“9・21”大地震之后初期，除了在灾区服务的各大学社工师生团队外，联合劝募协会和社会工作专业人员协会、残障联盟、老人福利联盟、智障者家长总会等组织亦立即组成“社工震灾行动联盟”，联合台北地区各机构团体的专业社工人员，进驻中部灾区协助埔里及台中县开展受灾状况的调查，也因为参与援助的都是专业人员，才能在短期之内，为这些灾民提供情感支持、抚慰以及协助政府开展调查。[①] 第二，行动更具有灵活性。突发事件是一种非常态下的社会状态，其形成原因复杂，种类也呈现越来越多样和复杂的趋势，面对这一形势，社会工作者与政府部门相比在行动上要更具有灵活性。社会工作者在深入群众更快速地获取信息的基础上，又因为组织结构简单，能够快速对周围环境变化做出应对的行为策略，随环境的变化灵活转变计划方案。而政府及相关部门是科层制的管理模式，这种管理模式层级分明，在面对多样化的事件时可能牵涉多部门，出现重叠管理的现象。在传统社会管理的长期作用下，政府有些工作人员在面对突发事件时容易形成一套传统的解决思路，如今在社会转型时期，传统的思维已经无法应对层出不穷的社会问题和突发事件，需要适时地转换思路和管理方式，提高应变能力。例如，2014 年 8 月 3 日 16 时 30 分在云南省昭通市鲁甸县发生 6.5 级地震，有 108.84 万人受灾、8.09 万间房屋倒塌。[②] 8 月 21 日，民政部社会工作司召集中国社会工作协会以及北京、上海、广东、四川、云南等省市民政厅（局）人事处（或社会工作处）相关负责同志，研究鲁甸地震灾区社会工作服务支援计划方案。支援团将依托中国社会工作协会以及北京、上海、广东、四川等省市民政厅（局）组建五支社会工作服务队，与云南省民政厅“云南鲁甸地震

① 《5・12 汶川地震中社工如何介入》，东莞市普惠社会工作服务中心，http://www.dgpuhui.org.cn/puhui/Article/ShowArticle.asp? ArticleID = 141，2010 年 3 月 20 日。

② 《云南昭通鲁甸县发生 6.5 级地震》，央视网，2014 年 8 月 3 日。

社会工作服务中心”这一综合协调平台有机衔接，对口支援鲁甸及周边灾区社会工作服务站点和机构。[①] 第三，提供专业性服务。社会工作具有专业的价值理念和系统的服务方法，专业的价值理念引导社会工作者在从事社会工作时，严格履行责任和义务，而系统的服务方法，如个案工作、小组工作和社区工作等，可以协助社会工作者更专业地开展工作。因此，在面对突发事件中的受困群众时，他们能够始终保持着职业精神，针对不同类型的突发事件采取不同的服务方式灵活应对。而政府是一个行政部门，在应对突发事件时更多采取的是宏观调控手段，领导社会力量参与抗灾救灾和协调处理的工作。

最后，社会工作起到的两个基础性作用——预防和协同，也表明社会工作应该作为应急管理手段介入突发事件应急管理。社会工作的预防主要表现在对突发事件的事前预防，协同是对政府在实施突发事件应急管理过程中的辅助作用，所以社会工作应急管理是城乡突发事件应急管理的基础。

第二节　社会工作应急管理能力

加强应急管理，提高预防和处置突发事件的能力，是关系到经济社会发展全局和社区居民生命财产安全的大事，是构建社会主义和谐社会的重要内容，是坚持以人为本、执政为民的重要体现，是全面履行政府职能，进一步提高社会治理体系和治理能力的重要方面。

一　社会工作应急管理的功能

当人的生存、参与社会和发展等需求不能得到满足的时候，社会工作者会把这些问题纳入自己的工作领域，运用专业知识，帮助公众解决问题。突发事件发生时，往往会危及人的生命和财产安全，而社会工作的最基本的功能是助人，另外，社会工作还有救难、解困和发展的功能。例

① 中华人民共和国民政部：《民政部社会工作司研究实施鲁甸地震灾区社会工作服务支援计划》，http://www.mca.gov.cn/article/zwgk/gzdt/201408/20140800689509.shtml，最后访问日期：2014 年 8 月 30 日。

如，2008 年 5 月 12 日四川省阿坝藏族羌族自治州汶川县发生里氏 8.0 级地震，这是中华人民共和国成立以来破坏力最大的一次地震，也是继唐山大地震后伤亡最惨重的一次。来自各地的社会工作者积极参与地震后的灾难救援。他们进行了积极有效的介入，其中，介入方式主要包括灾后心理危机干预和心理疏导。随后，社会工作者还参与了灾后的重建工作，灾后重建包括生活重建、职业重建和社区重建等。社会工作者之所以能够介入灾害现场进行救援与重建，并能够在突发事件管理中起到积极的作用，是因为社会工作者具有专业的理论知识、价值体系、工作方法和技巧，这就是社会工作具有应急管理能力的根源所在。

第一，社会工作理论系统和价值体系是社会工作应急管理的基础，能够引导社会工作者形成正确的行为方式和思维方式。社会工作是一门独立的学科，它有系统的理论基础。同时，社会工作又是专业性很强的职业，它有独特的职业价值体系、工作方法与工作技巧。因此，社会工作在其理论系统和价值体系的指导下，运用专业工作方法和技巧能够在城乡突发事件的应急管理过程中发挥重要的作用。首先，社会工作理论能够指导社会工作者帮助遭遇突发事件的受害者。社会工作理论融合了心理学、生物学、人类学和医学等学科的理论，形成了社会工作理论多样化的特征。英国曼彻斯特城市大学应用社区研究系教授 Malcolm Payne 在他的《现代社会工作理论》一书中提到，特定的“理论”在社会工作界是有其特定的利益群体的，他们力图使我们接受他们的“理论”，从而影响我们对社会工作的本质和实践的认识。[①] 社会工作者在介入突发事件后，会存在无法判断事件未来发展趋势的情况，也可能会存在有突发状况发生的可能性，但社会工作融合了多学科理论，有助于社会工作者对问题的分析，可使其灵活转换服务策略以应对危机事件。虽然我国社会工作理论现在仍以西方社会工作理论为主，但是我国学者也正致力于社会工作本土化研究，力图建构适合我国国情的社会工作理论体系。同时，我们应该认识到理论是实践的基础，社会工作介入我国城乡突发事件管理有利于在借鉴西方社会工作理论的基础上总结出适合我国社会发展的理论。另外，社会工作价值体系

---

① 参见何雪松《社会工作理论》，上海人民出版社，2007，第 1 页。

影响着社会工作者解决社会问题的态度与行为方式。社会工作价值体系与理论系统在社会工作介入突发事件管理的过程中同样发挥着重要作用，它能够正确引导社会工作者的思想和行为，使其更好地服务受困者。社会工作作为一门学科，具有系统的理论支撑，同时，作为专业性极强的职业，社会工作区别于其他职业的重要依据是其遵循一套在长期实践与反思中所形成的价值体系。我国在历史的进程中形成了一系列约定俗成的道德标准，社会工作在进行社会服务过程中会受到一定的来自道德方面的限制，这就要求社会工作者要具有与社会道德标准相适应的职业精神和价值观。在中国，社会工作价值体系基本包括四个层次的内容，即社会价值、专业价值、专业伦理和操作守则。① 危机事件后的恢复与重建所要达到的目标是寻求当事人能够安定长久的发展之道，政府主要在一些方面，给予当事人救助，而社会工作能够弥补政府救助的不足，帮助当事人寻求资源，并鼓励其实现自助。社会工作的专业伦理和操作守则充分体现了社会工作尊重案主自主权利，实现助人自助。例如，2014 年底，《中华人民共和国反家庭暴力法（征求意见稿）》开始正式向社会征求意见。因遭受家庭暴力杀害施暴者而受到法律制裁的案例也不少，家暴事件的普遍发生让这一现象已不再单纯地属于家庭内部矛盾，而成为社会问题。中国女性多数受到传统思想“家丑不可外扬”的影响，默默地忍受不公平的待遇，因而家暴对妇女和儿童造成了伤害。社工介入家暴事件后，依照专业伦理的要求，坚持保密性原则，避免案主再次受到伤害，可以起到缓解和抑制矛盾激化的作用。社会工作的理论系统和价值体系为突发事件应急管理奠定了基础，有效地指导了社会工作者在应对突发事件时采取正确的策略和行为方式。

第二，针对突发事件的不确定性，社会工作者可以利用社会工作方法和技巧在应急管理中灵活应对突发状况。社会工作理论系统和价值体系是社会工作应急管理的基础，在此基础上，社会工作方法和技巧在应急管理过程中发挥着重要作用。王思斌在《社会工作导论》一书中将社会工作方法分为微观和宏观两种，其中，微观社会工作方法包括个案工作和小组工

① 王思斌：《社会工作概论》，高等教育出版社，2006，第 52 页。

作，主要针对个人、家庭或小组成员开展工作，而宏观社会工作包括社区社会工作、社会工作行政和社会政策，在机构或者社区中引导社会向积极的方向发展。当前，我国的突发事件发生频率较高，并且种类繁多，这就要求应急管理的参与者具备应变能力，社会工作方法的多样性恰恰具有应对突发事件的能力。

二　社会工作者处理突发事件的能力

突发事件处理能力，是指一个组织或者个人在遇到突发事件时所具备的反应能力，涵盖事件处置全过程。

（一）敏锐鉴别的能力

突发事件是难以预料、突然发生、关系全局安危的紧急事件，具有复杂性、破坏性、危险性等特点。对突发事件的性质、发展趋势、社会影响等做出准确及时的判断和评估，并迅速做出敏锐的反应，是应对各种可能出现的情况，从最坏处着眼争取最好结果的根本前提。敏锐性的培养，一靠深入细致的调查研究和分析判断，及时做到对各种新情况、新问题心中有数；二靠及时捕捉和掌握相关信息，做到在第一时间了解事件苗头和动态；三靠勇担责任的精神品质，就是要有高度的政治责任感和社会责任感，以负责的态度直面矛盾、果断处置；四靠社会工作者的素质和经验。

（二）驾驭全局的能力

“不谋全局者，不足以谋一域。”对突发事件的处置，事关大局，来不得半点马虎，需要社会工作者统观全局，周密思考。既要考虑事件造成的社会影响，又要考虑造成的经济损失；既要考虑国家法律政策的规定，又要考虑社区居民的风俗习惯；既要考虑采取措施的力度，又要考虑社区的承受程度；既要考虑事件本身的处置效果，又要考虑其后续影响以及周边因素的作用。总之，要把突发事件放到发展的全局通盘考虑、谋划，防止急于求成，采取强制手段粗暴处置，避免顾此失彼、因小失大现象的发生。

（三）快速应变的能力

处置突发事件之所以比较困难，是因为事发突然，主客观上都缺乏足够的时间进行充分准备与系统思考。提高应对突发事件的快速反应力，首先要有一种常备不懈的精神状态，在思想上时刻保持警惕，对各项工作中可能发生的情况，绝不能存在侥幸麻痹心理。突发事件发生后，只有做到快速反应、多谋善断、速战速决，才能掌握处置突发事件的主动权，将事件可能产生的不良后果控制在最小限度内。突发事件来势凶猛、发展速度快，稍有不慎就会造成失控局面。在最短的时间内控制住局势，这是应对的关键环节。

（四）组织协调的能力

当危机事件发生后，社区社会工作者能在短时间内聚合各种要素，调动社区各种资源，及时处理。第一，善于整合社会资源。把包括社区党政各职能部门以及新闻媒体在内的社会各界的人力、物力、财力等资源在第一时间内集聚到位，充分调动各方面的积极性。第二，有条不紊地开展应急处置工作。高效有序运作，使各个环节丝丝相扣，最大限度地发挥其效能，优化调控手段，以高超的组织协调方法和艺术，尽量以理性的而非感性的、柔性的而非暴力的、公开的而非隐蔽的方式，妥善有效地处理好突发事件，避免事件因组织拖延、调控不当而造成更大的危害和损失。

（五）科学决策的能力

科学决策是建立在理性思维基础上的一种能力。拥有科学决策能力也是社会工作者应急能力强的最终体现。第一，迅速查清事由。对事件的起因、事态程度、发展趋势、社会影响等情况进行深入调查摸底，掌握实情。第二，因情施策，区别对待。根据事件的不同起因和性质，对症下药，采取有针对性的工作措施。第三，适度超前决策。要充分考虑事件的发展变化，具有一定的预见能力，留有周旋的余地。第四，群策群力，寻求最佳方案。一个人的知识和经验毕竟有限，这就需要社会工作者集思广益，博采众长，在集聚各方智慧和意见的基础上择优而从，迅速做出科学决断，并使之立即付诸实施。

三 社会工作者在处理突发事件中的角色

社会工作者是社会工作的直接行为者，将社会工作理论、价值体系、方法和技巧应用到实践中。在突发事件应急管理过程中，社会工作者往往需要根据实际情况变换角色。角色定位是由社会工作的功能所决定的，这事实上是社会工作应急管理能力的外在表现。社会工作者在应急管理过程中主要扮演的是专业教育者、信息收集者和资源整合者的角色。社会工作者为了达到不同的任务目标而不断地转变角色，但助人解困的总目标是不变的。

（一）专业教育者

社会工作者在突发事件应急管理的预防阶段可以通过向社区居民普及相关的法律常识、抗灾救灾知识和安全卫生知识等来提高全民应对突发事件的素质，体现了社会工作在突发事件应急管理中的教育功能，而社会工作者在这一阶段主要扮演教育者的角色。在我国，已经有部分城市的社会工作者进入社区向居民宣传在突发事件中的自救知识。2014 年 7 月 9 日，广东省中山市首支社工消防志愿者服务队正式亮相黄圃镇体育中心，与公众互动做消防小游戏，向群众发放消防宣传单，面对面传授防火小妙招。

应急演练也是应急预防中的重要内容，仅依靠相应的风险评估和应急预案无法准确预测突发事件中的实际状况，为此，只有通过应急演练提高突发事件当事者的应急能力，才能有效地在突发事件中降低风险。突发事件的发生可能会牵涉到每个人，所以生存于风险社会的每个人都应该具备相关应急与自救知识，但无论是城市社区居民，还是农村社区居民，他们的应急经验都不足，为此，社会工作者应该尽可能帮助居民提高应急能力。2012 年 5 月 11 日，东莞市桥头社工在桥头镇社会事务局的支持与指导下，根据国家减灾委《关于做好 2012 年防灾减灾日有关工作的通知》的要求，联合桥头镇消防支队举行了“弘扬防灾减灾文化，提高防灾减灾意识”的主题活动，活动的形式多样，内容丰富，包括消防演练、张贴防灾减灾知识海报、展板展示、派发宣传资料、现场防灾减灾法律咨询、法援受理、有奖知识问答、互动游戏、灾害情景模拟、社工宣传、志愿服务等内容。事实证明，虽然社会工作者不一定具备某种专业的应急技能，但是可以通过不同途径获取资源以达到教育和提升群众应急管理素质的目的。

（二）信息收集者

社会工作者作为基层动态信息收集者，其重要性在预防群体性事件上表现得尤为突出。近年来，全国不时发生群体性事件，对我国的社会稳定造成了不良影响。社会工作者与社区居民保持着密切的联系，时刻关注着民生动态，在这一过程中能够收集到与居民相关的信息和资料，不断寻求资源以满足社区居民的需求，从而对群体性事件的发生起到预防的作用。

（三）资源整合者

社会工作者在应对突发事件中应挖掘事件中受困者的相关资源，力图通过整合资源再进行重新分配，促进受助者实现自我发展。例如，2014 年 8 月 3 日在云南省昭通地区鲁甸县发生的 6.5 级地震中，广东省民政厅组建的广东服务队的先遣队参加了灾后救援。其中，广东省社会工作师联合会分队也进入了鲁甸灾区进行救援。服务队在进入灾区后迅速开展实地服务需求走访调研，通过与灾区居民、当地政府部门和其他社会组织进行交流沟通，并阅读了与当地相关的文献资料，确定了灾区居民的需求，而后着手制定服务方案。然而，仅仅依靠服务队的力量完成灾区救援工作是不可能的，因此，需要对分散资源进行重新整合，以提升整体援助力量。一方面，组建“葫芦娃志愿服务队”，其志愿者主要是青少年，不仅提升了救援力量，扩大了救助范围，也促进了社区青少年的社会性参与。另一方面，与当地政府部门、社会组织建立和保持良好的合作关系，链接、整合各类服务资源。政府部门具有物资资源，然而其并不了解灾民的具体资源，只是实现宏观救助，而服务队将资源重新整合分配，提高资源的有效利用率。其他社会组织也是救助的主体，并具备不同的优势，长期保持联系与合作，使其全方位为灾区居民提供生存和发展所需。事实上，参与到鲁甸地震救灾的不只有一支社工队伍，不同地区的社工服务队都尽其所能整合可用资源，如深圳分队的“丹姿”暖冬行动项目通过网络平台设立筹款项目，筹集资金，等等。

从上述案例可以看出，社会工作者能够对现有状况做出评估，并在此基础上重新整合资源，实现资源的再分配。在应对突发性事件时能够起到链接资源的作用，不仅能够预防事件的发生，还能够在事发后给予援助。社会工作者在突发事件应急管理过程中扮演着多种角色，而资源整合者是众多角色之一。

第三节　社会工作应急管理的重要性和必要性

目前，中国正处于社会转型时期，从传统社会向现代社会转变的过程中社会矛盾愈加复杂，社会危机事件增多，需要建立完整的应急管理体系以维护社会的稳定。但仅仅依靠政府部门的力量是无法完成所有应对工作的，要使应急管理策略发挥高效的作用就需要政府部门、社会组织和公民等多元主体协同工作，因此，加强多元主体参与的突发事件应急管理势在必行。社区是社会管理的基层组织，在突发事件应急管理中发挥着基础性作用。在社区应急管理意义上，社区是指在同一范围内居住和生活，具有共同的灾害风险和减灾目标，由一定人口和家庭组成的区域。[①] 社区工作是社会工作方法重要组成部分，社区也是社会工作者的主要工作场所，在新时期背景下有必要将社会工作应急管理纳入社区工作。社会公共危机事件的发生对社会稳定和经济发展造成严重的影响，为了促进社会的和谐稳定，社会工作应急管理就显得尤为必要。

一　社会工作应急管理的重要性

近年来，我国危机事件多发，特别是2003年发生的SARS事件，2004

① 谢一凡、古雯：《论公共危机管理中的社区参与》，《华东经济管理》2006年第11期，第43～46页。

年发生的洪灾等都给我们留下许多深刻的教训，这就要求我们提升应对突发事件的能力，建立完备的突发事件应急管理体系。为此，党的十六届三中、四中全会明确提出，要建立健全社会预警体系，提高保障公共安全和处置突发事件的能力。党的十七届三中全会通过的《中共中央关于推进农村改革发展若干重大问题的决定》明确指出，要“加强农村防灾减灾能力建设”，“加强灾害性天气、地质灾害、地震监测预警，提高监测水平，完善处置预案，加强专业力量建设，提高应急救援能力，宣传普及防灾减灾知识，提高灾害处置能力和农民避灾自救能力”。[①] 并且，在 2007 年 8 月 30 日，第十届全国人民代表大会常务委员会第二十九次会议通过了《中华人民共和国突发事件应对法》。世界上一些发达国家已经建成了完整的突发事件应急管理体制。以美国为例，美国突发事件应急管理体制主要的特点在于，组织结构完整，职能和分工明确。1979 年，美国的应急管理体系基本建成，但仍然存在不足。在“9 · 11”事件后，美国政府开始重新审视突发事件的应急管理系统，而后，为防止类似事件再次发生，美国开始了大规模的改革。布什政府共整合了 22 个安全机构，统一归属国防部，将联邦应急管理局更名为“应急预防响应局”。该局主要职责也扩充为通过应急准备、紧急事件预防、应急响应和灾后恢复等全过程的应急管理，负责应对各种灾难，保护各种设施，减少人员伤亡和财产损失。[②] 并且，建立联邦、州、县、市、社区五个层级的层级式应急管理体系，层级间形成紧密的防护链。美国将社区纳入突发事件应急管理体系，并以建成“防灾型”社区为目标，这对我国构建符合中国国情的突发事件应急管理具有指导意义。

（一）及时有效的应急管理是构建和谐社会的重要内容

构建完善的应急管理机制，不断提升预防和处理突发事件的能力，是全面落实科学发展观、构建社会主义和谐社会的现实要求。

---

① 陈成文、蒋勇、黄娟：《应急管理：国外模式及其启示》，《甘肃社会科学》2010 年第 5 期，第 201 ~ 206 页。

② 陈成文、蒋勇、黄娟：《应急管理：国外模式及其启示》，《甘肃社会科学》2010 年第 5 期，第 201 ~ 206 页。

应对社会危机是构建社会主义和谐社会必须应对的挑战。公共危机的基本性质、全球化及我国社会转型、改革深入的现实背景，都使应急管理成为我国政府行政管理的基本职能之一，要按照党的十六届六中全会确立的建设服务型政府、强化社会管理和公共服务职能的基本理念，在已初步建立的政府应急管理体制、机制的基础上，不断完善政府应急管理机制，为构建社会主义和谐社会提供保障。

（二）及时有效的应急管理反映政府的执政能力

应急管理是每个国家和社会都必须面对的问题，目前世界已经进入了一个危机事件高频率发生期，如何有效地减少危机给社会公众带来的损失，各国都加强了对应急管理的研究，把它当作一门学科来研究是近些年来的事情。

公众最担心的是安全监督、医疗卫生和交通管理等部门的危机应对能力。①

（三）及时有效的应急管理可以控制事态发展，降低损失程度

毋庸置疑，应急管理最直接也是最根本的目的就是减少组织的损失，包括财产损失、信誉损失、形象损失、发展机遇损失等多方面。及时处理危机能迅速控制事态的发展，引导公众的看法，将组织的损失降到最低。危机随时存在，它的突出性特点要求组织快速反应，临危不乱。社会组织应本着快速反应的原则，迅速与公众进行沟通，保证信息的统一性和畅通性，有效遏制谣言；同时调查事实真相，争取主动权，这是解决问题的关键。快速有效地解决危机可使组织的损失尽量降低，也能重新得到公众的信赖。

（四）及时有效的应急管理可以使组织形象得到提升，获得良好的社会效益

组织形象是指在一定的文化背景下的公众对组织内在精神或外显特征

① 李松涛：《面对突发事件你准备好了吗?》，《社区》2006 年第 12 期。

的总体印象，它是组织的无形资产。一个良好的组织形象如同社会颁布给组织的“信用证”。“信用”在现代社会中显得尤为重要和可贵，不仅能给企业带来赢利，而且对政府等其他组织来说也是一种资产，它是组织在社会上得以立足的重要因素。组织的良好形象就是竞争的优势，可使组织拥有强大的生命力和发展力。每个组织都极力塑造组织形象，但这不是一朝一夕就能完成的工程，需要平时一点一滴的积累，循序渐进。同时，重大事件的应对也能检验组织形象，此时危机就成了一块试金石。处理得当会使组织形象“画龙点睛”，处理不善则可能使苦心经营的组织形象毁于一旦。

2003 年的 SARS 与 2008 年的汶川大地震并没有从人们的记忆中消失。面对 SARS 与大地震，中国政府迅速行动，在短时间内果断采取措施。首先，建立一个权威有效的指挥中枢，发布一切与 SARS 和大地震有关的真实信息，稳定民心；其次，领导人前往疫情和灾区考察，增强了公众战胜 SARS 和大地震的信心，这是对政府形象的塑造。另外，在对外沟通方面，2003 年 SARS 期间，中国政府积极同国际合作，有效地避免了更大规模的疫情蔓延。这一系列的措施使政府的形象在这次危机中得到了提升，不仅有效解决了危机，减轻了舆论压力，而且在公众心目中树立起了崇高的政府威信，得到了人民的信任和爱戴，增强了社会的凝聚力和号召力。同时，在国际上中国政府展示了一个勇于担当、敢于负责、雷厉风行的大国形象，取得了世界各国的广泛理解和支持，这正是我们社会主义中国所积极追求的。

（五）及时有效的应急管理可以适时化解危机，变危机为契机

危机的发生往往毫无征兆，发现、培育以便收获这个潜在成功的机会，便是危机处理的精髓；而错误地估计形势，令事态进一步恶化，则是不良危机处理的典型特征。成功的组织和失败的组织之间的差别并不在于是否出现了危机事件，而在于它们在出现危机后所采取的截然不同的处理方法，能否借助处理危机事件创造有利的经营因素和条件，即化“危机”为“契机”。

（六）及时有效的应急管理可以体现社会工作者的能力和价值观

承受危机、承受压力是任何一个组织修炼超越的必经过程，并且问题的关键在于能够获得未雨绸缪、应对危机的能力。管理哲学永恒的亮点在于：把面前的每事件都视为一种机会。我国《兵经一百》中说："目前为机，转瞬为机；乘之为机，失之无机。""危机"两字，着力在"机"字，能够转"危"为"机"。

社会工作者要成长就必有动力和阻力，面对危机除了依靠自身能力还得有一套经得起考验的生存哲学，这是社会工作的灵魂所在，它往往决定着危机应对时的价值判断。重大事件关头的最终抉择是组织哲学的反映，也是社会工作是否具备崇高价值观并坚持之的反映。当组织利益与社会利益发生严重冲突的时候，在关键时刻组织对危机应变的态度和行为，将最直接体现出一个组织长期的根本的生存哲学。每次危机可能孕育着成功的种子，也可能是失败的根源，危机的来临让人往往手足无措，但不管如何处理都要坚持组织的生存哲学和发展的价值观。

综上所述，应急管理是一项全局性、战略性和综合性的管理活动，是在变幻莫测的生存环境中所必须具备的一种处理能力。妥善处理好危机可以挽救组织，维护公众利益，甚至为组织带来财富，所以我们必须重视社区应急管理，争取在面临危机时做到转危为机。

第一，应急管理有利于监测风险和化解危机，从而预防突发事件发生，以减轻由突发事件带来的安全压力。社区往往是危机事件的风险承担者和直接的受害者，社区内部矛盾可能导致突发事件的产生，如果不能监测风险，并及时化解危机，可能会促使突发事件的发生。一旦发生突发事件，社区居民由于受到年龄、文化素质、受教育水平等方面差异的限制，难以自发和迅速地形成统一的行动以进行自救与互救，就会对社区的稳定与安全造成破坏，甚至会严重威胁整个社会的和谐发展。因此，应急管理旨在指导居民采取有效措施预防和应对突发事件，控制、减轻和消除突发事件引起的严重社会危害，保障社区居民的生命财产安全，促进基层社会的和谐与安定。现代应急管理是动态的过程，与传统突发事件应急管理相比，能够更有效地应对突发事件，更适应时代的发展。随着社会转型的深入，突发事件呈现多样化的趋势，传统突发事件应急管理将重点聚焦于事后的恢复与重建，并且仅依靠政府的力量应对突发事件，难以适应多变的突发事件。现代突发事件应急管理的内容包括，预防与应急准备、监测与制造者预警、应急处置与救援、事后恢复与重建，并着重强调对突发事件的预防，例如，《中华人民共和国突发事件应对法》的第五条明确规定，突发事件应对工作实行预防为主、预防与应急相结合的原则，同时，强调多主体的参与治理。《中华人民共和国突发事件应急预案管理办法》的第九条规定，单位和基层组织应急预案由机关、企业、事业单位、社会团体和居委会、村委会等法人和基层组织制定，侧重明确应急响应责任人、风险隐患监测、信息报告、预警响应、应急处置、人员疏散撤离的组织和路线、可调用或可请求援助的应急资源情况及如何实施等，体现自救互救、信息报告和先期处置特点。一方面，重视对风险因素的监测，及早阻断危机。另一方面，对于不可预期的突发事件制定应急预案和实施应急演习，但当遭遇不可避免的突发事件时，要能够迅速、有序、安全地撤离事发地等待救援。

第二，建立和健全应急管理体制有利于建设安全社区，以保证社会的和谐发展。社区不仅是社会的缩影，也是城乡建设的细胞，社区的安全是社会和谐的重要保障，建设安全社区是城乡社会发展的必然结果。1989年，在瑞典斯德哥尔摩召开的第一届世界事故与伤害预防大会提出应以社区为基础开展事故伤害预防，提出了安全社区（Safe Community，SC）的概念及其建设准则。[①] 所谓安全社区，是指建立了跨部门合作的组织机构和程序，联络社区内相关单位和个人共同参与事故与伤害预防和安全促进工作，持续改进，实现安全目标的社区。在2002年，安全社区理念被引入中国，此后，中国政府持续不断地推广和建设安全社区。社区在发展运行的过程中没有安全保障，将不利于城乡社会的发展，并且，如果不能控制风险和减少突发事件的危害，那么安全社区将不能存在。根据《安全社区评定管理办法（试行）》的相关规定，有效地预防、减少事故和伤害的发生，生产安全事故及其他各类事故与伤害连续两年控制在当地政府下达的

① 陈文涛：《安全社区建设相关若干问题探析》，《中国安全科学学报》2014年第5期，第157～163页。

考核指标内，是安全社区的评定准则之一。因此，建立行之有效的应急管理体制是推动安全社区建设的必要准备。应急管理从事前预防、事中应对到事后重建，须以相关法律法规、应急管理理论为指导，明确参与治理者的职责与分工，采用科学的方法应对突发事件，以确保社区居民的生命、财产安全。

第三，建设和完善应急管理体制有利于形成“协作式”的应急支持体系。“协作式”的应急支持体系包括两方面的内容：一是在纵向上，实行统一领导、综合协调、分类管理、分级负责、属地管理为主的应急管理体制；二是在横向上，相邻、相近的地方人民政府及其有关部门联合制定应对区域性突发事件的应急预案，单位和基层组织联合应对突发事件。从纵向上看，政府及其有关部门、单位和基层组织在应急管理过程中承担着不同的职责与任务。政府及其有关部门在突发事件应急管理中侧重于规定基本原则、组织体系、运行机制，以及应急保障的总体安排等，明确相关各方的职责和任务。单位和基层组织则侧重于明确应急响应责任人、风险隐患监测、信息报告、预警响应、应急处置、人员疏散撤离的组织和路线、可调用或可请求援助的应急资源及如何实施等，体现自救互救、信息报告和先期处置特点。我国传统应急管理的主体是政府，政府承担着巨大的责任，然而，政府的能力毕竟是有限的。随着社会分工的逐步细化，社会风险也随之增加，单纯依靠政府的力量规避风险，或化解社会矛盾和危机，都无法真正发挥应急管理的最大效用。如今，突发事件的频发，严重影响到了社会和经济的良性运行，传统应急管理已不足以防范风险和应对危机。2003 年，在党的领导和全国人民的共同努力下，我们取得了抗击“非典”的全面胜利，但这也让我们清醒地意识到建设和完善突发事件应急管理体制的重要性。时隔十年，2013 年 11 月召开的党的十八届三中全会首次提出“社会治理”的概念，从“社会管理”到“社会治理”，虽是一字之差，却是我国深化改革的进步表现。治理与管理的区别在于，管理是一个主体，通过“法”的手段，来掌控职能活动及层级；治理是多个主体，通过“法”“理”“情”等多种手段，协调各个网络及互动过程。[①] 社区作

① 童星：《防灾减灾应走多元合作之路》，《中国气象报》2015 年 5 月 20 日，第 1 版。

为基层自治组织，参与应急管理并在其中发挥作用是非常重要的。应急管理是整个突发事件应急管理链上的末梢，对于监测风险、预防危机，及时应对突发事件，起着基础性的作用。从横向上看，建设和完善应急管理有利于整合资源，发挥资源的最大作用。为了依法、迅速、科学、有序应对突发事件，最大限度地减少突发事件及其造成的损害，须编制突发事件应急预案，这是突发事件应急管理进行事前预防的重要步骤。因此，编制社区突发事件应急预案是建立社区危机管理体制的重要内容。按照《突发事件应急预案管理办法》的规定，应急预案的编制需要进行应急资源调查，需要全面调查本地区、本单位第一时间可调用的应急队伍、装备、物资、场所等应急资源状况和合作区域内可请求援助的应急资源状况，必要时对本地居民应急资源情况进行调查，为实施应急响应措施提供依据。从规定中可以看出，不仅要对本地区的应急资源状况进行调查，还要调查和了解合作区域内可请求援助的应急资源状况。因为，社区的资源是有限的，现有的资源是否能完全分配至每个居民，保证其在遭遇突发事件时能够尽可能将损失降至最低，是制定社区突发事件应急预案需要关注的。因此，在编制应急预案的同时也需要了解相邻、相近社区的资源状况，建立资源链，相互协作共同应对突发事件。

第四，建立社会工作应急管理体制有利于党和政府提高执政能力。党和国家执政能力的提高表现在，实现了传统突发事件应急管理向现代突发事件应急管理的转变，以及社会管理向社会治理的变革。首先，传统突发事件应急管理与现代突发事件应急管理的区别在于，前者注重事后的恢复与重建，而忽视事前的预防，导致国家为此投入大量的人力、财力和物力，治标却不能治本。随着人类活动的增多和活动范围的扩大，加之，社会需求的多样化，以及社会分工的复杂化，传统的突发事件应急管理无法再适应社会的发展，难以承担减少突发事件发生频率和降低人员伤亡率、经济损失的责任。而后者侧重于事前预防，从源头避免矛盾的激化，预防突发事件的发生，从事前预防到事后重建，构建完整的应急管理体系。社区是社会的缩影，社区同样隐藏着各种风险，当风险演化成危机时，社区无疑成为灾难的第一现场。因此，应急管理是整个应急管理系统中的第一道防线，体现了现代突发事件应急管理的预防性的特点。其次，从社会管理向社会治理转变，虽是一字之差，却是管理改革史上的一次飞跃。社会管理强调政府主导、政府负责，政府承担所有社会管理的责任，导致政府压力过大。而社会治理与此不同，融入多主体参与社会治理，在政府主导下，社会组织、公民协同治理，从而减轻政府负担，激发社会活力。社区作为基层自治组织，突发事件应急管理是其参与社会治理的重要形式和工具，健全应急管理提高了社区社会治理的能力，增强了多主体参与治理的力量。最后，党和国家执政能力的提高表现在领导多主体参与社会治理，激发社会组织活力，稳定社会环境，构建社会主义和谐社会。建立和健全应急管理使社区具备参与社会治理的能力，同时，保障着社区的安全，促进和谐社会的构建，所以说领导社区建立应急管理体制是党和国家提高执政能力的必要手段。

社区应急管理是社区能否良性运行发展的关键，也是我国整体突发事件应急管理的重要环节，在社会转型时期，在突发事件频发的今天，起着至关重要的作用。但是，我们应该清醒地认识到，我国社会工作应急管理仍处于初级阶段，还需要长期发展。

二　应急管理的必要性

2010 年国际防灾减灾日的行动口号是“发展以社区为核心的减灾战略”。2005 年 1 月，在日本神户世界减灾大会上通过的 2010 ~ 2050 年减灾规划中，社区减灾被列为重要内容。① 建立“减灾型社区”已是世界发达国家城市建设的潮流和趋势，美国无疑是建成减灾型社区的典型代表。在 20 世纪 80 年代，美国一度遭受突发事件的袭击，自然灾害频发给美国造成了严重的经济损失。与此同时，在应对突发事件过程中所暴露出来的组织问题受到社会公众舆论的谴责。为了提高应对日益频繁的突发事件的能力，以及解决组织行动问题，在 20 世纪 90 年代，美国以减少风险为目标，计划并开展“减灾型社区活动”，随后，建成了“减灾型社区”。目前，美国的应急管理机制已发展得十分成熟，为美国防灾、减灾和抗灾起到了重

① 沙勇忠、刘海娟：《美国减灾型社区建设及对我国应急管理的启示》，《兰州大学学报》（社会科学版）2010 年第 2 期，第 72 ~ 79 页。

要作用。

第一，建立社会工作应急管理体制能够提高社区应对突发事件的能力，有效预防和应对突发事件。社区是居民主要的生活场所，也是各类突发事件的直接面对者和最直接的受害者，面对不时发生的社会风险，或是突如其来的突发事件，应该如何预防与控制风险的质变，以及积极地应对不可避免的突发事件，后进行恢复和重建受灾社区，减少不必要的损失，是生存于风险社会下必须要思考的问题。美国以建成“减灾型社区”作为社会工作应急管理的首要选择，它体现出一种“综合性应急管理”理念，即全风险管理与全过程管理。①

第二，社区是预防和应对突发事件的最前线，社会工作应急管理可为预防和应对突发事件提供科学的方式与方法，尽可能控制风险，减少因突发事件所造成的人员伤亡和经济损失。根据民政部发布的《2014 年社会服务发展统计公报》，2014 年全国各类自然灾害共造成 2.4 亿人次不同程度受灾，因灾死亡失踪 1818 人，紧急转移安置 601.7 万人次；农作物受灾面积 2489.1 万公顷，其中绝收面积 309.0 万公顷；倒塌房屋 45 万间，不同程度损坏房屋 254.2 万间；因灾直接经济损失 3373.8 亿元。② 从以上数据可以看出，2014 年全年因自然灾害而受到伤亡的人口众多，经济损失数额也十分巨大。但我们应该清楚地认识到，这仅仅只是其中一类突发事件，如果要将各类突发事件加以统计，结果是显而易见的。人类社会正在高速发展，不可避免地会因人类行为破坏环境或自然灾害而增加突发事件发生的可能。面对此，我们可以做的不是停止进步的行为，而是采取措施充分预防和应对突发事件的发生。社区是预防和应对突发事件的前沿阵地，理所应当参与社区各种风险的防控工作。社会工作应急管理是社区内部的责任主体在突发事件的事前预防、事发应对、事中处置和善后恢复过程中，建立的必要的应对机制，采取一系列必要措施，应用科学、技术、规划与管理等手段，保障公众生命、健康和财产安全，促进社会和谐健康发展的

---

① 山丘：《美国的社区应急管理》，《现代人才》2008 年第 4 期。

② 《民政部发布 2014 年社会服务发展统计公报》，http://www.gov.cn/xinwen/2015-06/12/content_2878622.htm。

有关活动。在科学的应急理论指导下实践社区应急管理，建立精干实用的专业应急救援队伍，健全应急预案体系，加强应急管理宣传教育，提高社区公众参与自救能力，实现信息收集、预警、社区动员、快速反应、应急处置等，确保尽量消除重大突发事件风险隐患，最大限度地减少重大突发事件造成的损失。

第三，完善社会工作应急管理体制，营造良好的社区运行环境，促进社区的安全与稳定，让整体社会向和谐的方向发展。社会工作应急管理具有自救互救、信息报告和先期处置的特点，可在相关法律、法规、政策的规范下，通过运用系统理论的指导，进行风险隐患监测、信息报告、预警响应、应急处置、规划人员疏散撤离组织和路线、调用或请求获得应急资源等。社会工作应急管理作为整个突发事件应急管理的子系统，侧重于预防和减少中小型突发事件发生所造成的损失。从微观层面上看，社会工作应急管理是维持社区良性发展的手段，可让社区在正常的轨道上运行。同时，又是对我国公民生命财产安全的保障。从宏观层面上看，安定有序是和谐社会的基本特征，意味着和谐社会要有安宁、稳定和有序的发展环境。社区作为社会的细胞，社区的安全是社会安定有序发展的前提条件，也是构建和谐社会的重要部分。完善的社会工作应急管理机制保障了社区的安全，更为构建和谐社会奠定了坚实的基础，不可否认完善社会工作应急管理机制是促进社会和谐发展的必要手段。建立社区应急管理机制的目的在于增强基层社区抵御突发事件的能力，保障社区居民的生命、财产安全，稳定社会秩序，促进社会整体的和谐发展。

第四节　社会工作应急管理的意义和要求

中国正处于社会转型期，社会风险激增，突发事件频发，威胁着人民生命、财产安全，各种不确定因素不断增加。自 2003 年“非典”事件之后，中国开始改革传统应急管理方式，经过十多年的规划和建设，初步建成了适应我国国情的应急管理机制。虽然设置了相关的预防和处置突发事件的制度，但是社区应急管理体系仍然存在不足，集中体现在基层应急管理体制不健全，基层社会组织未能纳入应急管理体系这两大方面。从国外发达国家建设突发事件管理系统的经验，以及近年国内灾难救援的社会工作实践来看，社会工作专业服务介入突发事件，协助政府应对突发事件是非常必要的，并具有现实意义。

一　社会工作应急管理的意义

（一）有利于专业技巧的支持

社会工作可以运用专业的服务方法和技巧在突发事件应急管理的各个阶段进行风险信息收集，为政府及其部门管控突发事件提供信息，使其能够做出理性的判断以防范风险，或是应对突发事件。并在事中、事后利用专业技巧为受灾群众提供专业服务，提高灾区群众的满意度，使其恢复正常的、有序的社会生活。事实上，无论是在事前为政府决策提供风险信息，或是缓解社会矛盾，化解危机，还是在事中、事后提供技术支持，都是为了弥补政府在应急管埋中的不足。

与传统应急管理相比，现代社会应急管理更注重事前的预防，其中，事前预防的方式有两种：一是针对自然灾害、事故灾难和公共卫生事件，对易引发自然灾害、事故灾难和公共卫生事件的危险源、危险区域采取安全防范措施；二是主要针对社会安全事件，要求各级政府及其有关部门、基层社会组织及时调解处理可能引发社会安全事件的矛盾纠纷。社会工作服务对象主要是基层群众，服务于有需要的个人、家庭、群体、组织和社区，在服务过程中逐渐深入群众中，通过专业知识、技巧以及专业敏感应对，并及时化解危机。首先，社会工作直接面对和进入危险源、危险区域，时刻监测社区风险，能够为政府及其有关部门制定各项公共政策提供风险评估支持，对于自然灾害、事故灾难和公共卫生事件的预防起着至关重要的作用。其次，社区是社会工作开展专业服务的主要场所，服务于社区内部的居民，是政府与基层群众联系的纽带，为政府提供民意民情，为群众向政府表达合理诉求，从而化解潜在的危机。同时，运用专业的知识和技巧处理可能引发社会安全事件的矛盾纠纷，从而预防社会安全事件的发生，并及时向政府有关部门提供信息，让政府有关部门及早采取措施控制事态的发展，尽可能缩小突发事件的影响范围。最后，政府有关部门在突发事件管理过程中处于领导地位。风险信息掌握不全面和反馈时间滞后，加上缺少社会组织、公民有效参与应急管理，不仅加重政府的负担，也无法将应急管理的效能发挥。因此，社会工作参与突发事件的管理是对政府提供公共服务的补充，社区应急管理则是政府预防和突发事件管理的重要手段。

在事中应对、事后重建阶段，社会工作的专业技巧同样具备参与应急管理的能力。在不同的阶段，受灾群众的心理及需求是不相同的，但是社会工作在多学科理论知识的指导下，运用专业技巧能够处理不同阶段受灾群众的心理和需求。同时，在开展服务的过程中仍然能够为政府决策工作提供技术支持，确保政府决策的科学性、有效性。就事后重建而言，社会工作参与灾后重建服务的价值就是在社会关系恢复与重建的基础上，逐步帮助恢复和重建遭到灾害破坏的社会支持体系、社会服务体系、社会管理体系和社会保障体系，因而专业的社会工作对于灾区以及受灾社区居民的系统介入和整体重建都具有重要的意义。

（二）有利于专业活动的开展

社会工作具备专业优势与能力，不仅拥有专业知识和技巧，还可以将社会工作专业服务运用到应急管理的实践中，通过在服务过程中运用专业知识和技巧，提升防灾、减灾、抗灾活动的能力。其中，社会工作会以在应急管理不同阶段开展符合该阶段需求的项目活动的形式服务于受困群众，从而达到防灾、减灾的效果和目标。这就是将社会工作专业服务纳入应急管理的必要性的表现，也是应急管理中社会工作自身价值的体现。

第一，在突发事件预防阶段，社会工作可以作为危机预防的应急管理方法，以达到改善风险沟通效果的目的，其中，风险沟通是指个体、群体以及机构之间交换信息和看法的相互作用过程，这一过程涉及多方面的与风险相关的信息。它不仅直接传递与风险有关的信息，也包括表达对风险事件的关注、意见以及做出相应的反应，或者发布国家或机构在风险管理的法规和措施等。可以利用社会工作专业方法组织开展减灾活动，为服务对象争取合法权利和资源，提高服务对象的自救、抗灾能力。开展演练活动培训公民的抗灾技能，一方面是为了培训群众的自救、应对灾难的技能，从而提高我国整体减灾、抗灾的素质、水平，另一方面是以此化解社会矛盾纠纷，预防社会安全事件的发生。

第二，在突发事件应对阶段，社会工作者通过运用专业技巧动员和提供专业服务，在受灾地区开展救援、灾民照顾、心理疏导以及疏散与避难服务。社会工作在对灾区进行受灾评估的基础上，明确受灾居民的需求，尽可能帮助受困群众寻求社会帮助，满足基本生活需求。在受灾地区开展救援的内容包括给予灾民物质援助，或通过各种渠道动员社会成员向灾区人民提供经济援助等。社会工作始终秉持“助人自助”的宗旨，向有需要的群众提供帮助和照顾，遭遇不幸的群众在生活和个体心理上会有不同程度的创伤，社会工作专业服务人员向受灾群众提供生活照顾，以及心理疏导，引导其走出生活困境，重新融入社会。

第三，事后恢复与重建阶段则可以根据受灾地区的具体情况开展社会工作专业服务，开展教育、文化、卫生、扶贫以及其他专项减灾与恢复等项目。例如，在2014年8月3日发生的鲁甸地震灾后重建中，社会工作专业服务对灾区的灾后重建起到了重要的作用，内容包括：开展个案、小组、社区活动，服务当地群众，开展“健康卫士”、“园艺治疗”和“音乐治疗”等多个专业项目，编写针对本地社工的地震灾难入门级社会工作手册，以及通过发挥传、帮、带的作用，孵化培育多家本地社工机构，培养本地社工、专业志愿者，为鲁甸灾害社会工作可持续发展奠定了基础。

（三）有利于整合社区资源

所谓整合社区资源，就是在进行风险评估的基础上，针对评估结果，利用社会工作专业方法和技巧向社会寻求资源帮助，并重新整合资源，包括人力资源、经济资源、物质资源等，实现资源间的链接，形成完整的资源链，在突发事件应急管理的不同阶段满足服务对象的不同需求。社会工作者在应急管理中充当资源整合的工具，并扮演中介的角色，以应急管理为例，采用社会策划模式下的工作方法，调查清楚社区在预防和应对突发事件中存在的问题，以及可利用的资源，包括救援物资、应灾设备、财政支持等方面的具体情况。不同社区情况不同，不能一概而论，只有调查清楚社区的特殊情况和具体问题，才能对症下药。如果缺乏财政支持，可考虑是否能够向上级部门申请可调用资金，从而提升社区应对突发事件的能力，或是在灾后快速恢复社区的正常运作。

分阶段来看，首先，预防阶段，社会工作的资源整合功能主要体现在整合资源开展风险防范项目，以及公共基础设施建设的资助方面。就社会工作本身而言，其只是一门专业技术，不具备资本积累功能。中国社会工作机构的资金主要来源于政府及相关部门，不具备公共基础设施建设的能力。但社会工作能够运用专业技巧整合资源，以达到防灾、减灾、抗灾的目的，例如，无论是社区，还是学校、单位，都有可能遭遇火灾。固定的人口聚集地都应该开展火灾逃生演习，为的是让人们掌握逃生技能。社会工作机构可以通过与消防部门协商进行联合演习，从而达到防灾的目的。其次，在应急处置阶段，社会工作服务的开展则侧重在应急救援的相关人力、财力、物力的供给方面，采取的方法主要是向社会呼吁捐助，或是联合其他社会组织提供不同方面的服务，共同应对危机。最后，在事后的恢复与重建阶段，可利用社会工作方法获得尽可能多的社会捐助，以为灾后重建提供资源支持。事实上，这一阶段的资源链已经在上一阶段完成，这一阶段是将资源链逐步延伸，加强援助力量，能够辐射更大范围的受灾地区，因为灾后恢复与重建需要更为庞大的人力、物力、财力资源。

（四）有利于社区应急教育体系的建设

在中国，由于受传统应急管理理念的影响，虽然现阶段国家的整体应急能力和技术都得到了提高，在社区应急管理体制建设上也取得了进步，但是在社区应急的教育方面仍然缺失，公民的安全观念和危机意识不强，政府和社会组织在应急教育系统建设方面的力度也不够，整个社会没有形成一个成熟而完整的社区应急文化体系。从发达国家的应急管理经验可以看出，社区应急管理系统的建设不应只关注应急能力和技术，社区应急文化体系同样重要，因为参与社区应急管理的主体除了政府及其部门，社区居民也同样要承担应对社区危机的责任，应该具备社区安全观念和危机意识，所以加强社区应急文化的教育，一方面是在强调公民的责任，另一方面是为了防范风险，避免社区危机事件发生。

中国在建设社区应急管理体制上可以借鉴发达国家的经验，加强风险文化培育、增强国民安全意识与责任感。在加拿大，为了让公众了解、支持和积极参与，加拿大政府每年5月举行一次由省、地区政府、自治市、非政府组织、志愿者及教师等共同参与宣传的“紧急事件准备宣传周”，向公众传播应急知识和应急信息，以提升公众参与应急管理的能力。① 事实上，美国、日本、澳大利亚等发达国家在应急管理建设中，同样将对公民的风险文化培养作为重要的内容。例如，对社区居民进行灾害应急意识、应急知识和应急能力的培训是美国社区应急能力建设的重要组成部分，被纳入减灾型社区建设之中，并通过政府机构、社会团体以及市民组织等开展各种形式的宣传和教育。② 组织建立社区应急反应队和公众服务队，这些队伍由社区组织、商业的工作人员和产业工人，以及当地政府的雇员所组成，然后对他们进行应灾培训，再让他们通过开展其他项目和活动引导公众发挥主动性，使居民了解自身在灾难准备上应承担的责任，以及增强相互救助的能力。从上述加拿大、美国的应急教育经验来看，两国虽然在形式上各有不同，但都体现了多元主体参与治理的理念，以及对国民风险文化培育的重视。我国也应该从自身国情出发，走出一条适合中国国情的应急文化发展道路。

社会工作在公民风险文化培育中能够凸显它的专业优势，首先，社区居民是社会工作的主要服务对象，要在风险沟通中向社区居民灌输安全理念，在潜移默化中培养社区居民的危机意识和社会责任感。其次，社会工作服务范围逐渐扩大，在社区、学校和单位等地方开展相关主题活动，在向服务对象宣传防灾、减灾、抗灾知识的同时也传输安全观念和危机意识，通过代际传递强化公民的责任感。最后，我国政府虽然有推行应急教育的政策，但是更多地停留在制定政策、法律、法规层面，具体到微观层面，社会工作专业服务正好弥补政府的不足，将应急教育落到实处。

总结以上内容，可以将社区应急管理的现实意义归纳为，为建设突发

---

① 陈成文、蒋勇、黄娟：《应急管理：国外模式及其启示》，《甘肃社会科学》2010年第5期，第201～206页。

② 罗章、李储学：《借鉴美国减灾型社区经验提升我国社区应急力》，《华东经济管理》2013年第3期，第146～151页。

事件应急管理体系提供新思路和新方法，通过在防灾、减灾、抗灾活动中利用专业技巧和优势开展社会工作专业服务，促进社会整体的突发事件应急管理能力的提高。因此，社会工作专业服务纳入应急管理体系将是未来应急管理建设的发展方向，建立应急管理体系是现代突发事件应急管理的必然要求。

二　社会工作应急管理的要求

（一）健全应急管理机制，强化应急管理责任

加强应急管理是社会工作在当今时代的一项重要任务，要把应急管理融入社区防灾减灾、安全保卫、卫生防疫、医疗救援、宣传教育、居民心理健康以及日常生产、生活等各项管理工作中。社工深入社区，组织开展预防工作演练，发生突发公共事件时迅速启动应急响应机制，街道和社区主要领导负责应急救援指挥工作，社工在参与中不断总结典型经验，创新工作思路，积极探索有利于推动应急管理工作的有效途径。

（二）加大应急知识宣传力度，完善应急培训体系

创新应急管理宣教形式。利用电视、微信、QQ 等大众传媒广泛宣传，加大应急管理教育力度，提高公众参与应急管理工作的自觉性。各社区要充分利用活动室、文化广场以及宣传栏等场所，通过多种形式广泛开展应急知识普及教育，提高群众公共安全意识和自救互救能力。学校要进一步采取有效措施，认真贯彻落实《中小学公共安全教育指导纲要》，推进应急知识进学校、进教材、进课堂，把公共安全教育贯穿于学校教育的各个环节。不仅要加强应急方案实施人员的应急能力培训，也要针对生产经营企业员工依法开展应急培训，使员工岗前能够严格执行安全生产规章制度和安全操作规程，熟练掌握有关防范和应对措施，在生产过程中确保人身和财产安全。

（三）加强应急预案体系建设，提升应急工作实效

按照简便易行、通俗易懂、操作性强的原则，针对应急处置中的职责

分工、核心任务、处置程序、响应时间和善后工作等环节，对已编制完成的预案进行修订完善，同时编制预案简本，实现预案的全覆盖。针对社区易发、常发、突发公共事件，组织开展居民参与度高、应急联动性强、形式多样、节约高效的应急预案演练。

（四）健全应急管理保障体系，规范应急队伍建设

不断增强社区综合应急救援队伍力量，并配备必要设备，以增强抢险救援能力。街道（乡镇）武装部、派出所、社区服务中心、卫生院、社工服务站等要充实专业应急救援队伍，其他相关部门和各企业建立由本单位职工组成的专职或兼职救援队伍，各社区居委会、村委会、街道（乡镇）各直属单位重点加强维稳调解、民兵应急救援、义务消防、卫生医疗、事故救援、志愿者等应急队伍建设。进一步加强治安巡逻、防暴突击、公共卫生、抢险救灾等应急队伍之间的合作，联合培训、联合演练，提高合成应急、协同应急的能力。

第五节　应急管理需要加强的工作

我国在社区应急管理中存在着法制建设滞后、缺乏常设性的社区应急管理综合协调机构、社区应急管理人员素质有待提高等问题。

一　增强法律的威慑力

法律可以为紧急动员社会力量应对突发事件提供保障。我国虽然有一些应对危机的法律或法规，但是由于法律自身的独立性，执法部门之间在协调方面存在一定难度。因此，还要不断加强法律法规建设，增强法律威慑力。

二　增强综合协调能力

一些地方政府应急管理机构与各专项应急指挥部门的关系尚待进一步理顺，职能划分有待进一步明确；部门之间、条块之间以及预防与处置之间衔接不够紧密，多方协调处置突发公共事件时，人员、信息、资源等难

以快速集成，应急联动、协同处置机制有待建立和完善。如，一些部门应急信息报送渠道不畅通、程序不规范，应急管理机构对信息的汇总、分析研判缺乏必要的基础，应急管理机构难以有效履行值守应急、信息汇总职能，也难以充分发挥综合协调、运转枢纽作用。同时，还存在监测预警系统标准不一、应急指挥平台建设滞后等问题。

三 加强网络系统建设

高效的社区应急管理必须依赖于一个完善的危机应对网络，需要整体上形成一个纵向和横向管理、协调的网络系统。但是，我们在处理危机事件时常常表现不足，这就迫切需要加强应急管理的网络工程建设。

四 增强社会应对能力

危机实质上是对国家和社会应对能力的考验。在应对危机事件、应对突发事件时，社会工作者第一要有智慧，要有思想，要有创造性，要根据收集的事件信息，进行加工，判断事件的性质，拿出应对措施，做出决策；第二要有勇气，要有胆量，要有魄力。回顾 2003 年发生的“非典”事件，面对突如其来的“非典”疫情，不知原因，从未见过，过去经验已经无法应对，对生命威胁很大，传染性非常强，怎么办？当时，我们有个别地方，确实在刚开始时陷入被动状态，后来才慢慢走上处置的常态。

五 增强预警体系能力

我国社区应急管理中存在一些薄弱环节和突出问题，主要是综合预警体系不够完善，灾害防御机制不够健全，预测预报水平不高。如在医疗预警方面，应加强未知疾病预防。

六 增强专家咨询作用

社区应急管理的专家咨询队伍薄弱。目前，我国专家参与政府决策的机制仍不健全，专家参与应急管理带有很强的临时性，缺乏严格的制度规范。

第二章

社会工作应急管理概述

现代社会工作专业培养具备社会工作服务及社区应急管理能力的应用型人才，要求我们系统地掌握社会学、社会管理、公共政策等核心专业知识，并具备组织协调、科研写作、咨询策划、信息技术应用等高素质专业人才所需要的重要技能。同时，还要熟悉政府机关、社会组织和企事业单位行政事务的运行规律，能在社会治理中从事社工服务工作，且能综合运用专业理论知识从事社区公共应急管理工作。

第一节　危机的定义及其特征

一　危机的定义

社会应急管理还得从社区危机说起。社区是应急管理的最基层、社区危机是社区应急管理的重要内容。

社会工作是应急管理的主体之一，那么，应急管理的客体为何？在此，本研究将社区正面临的危机事件作为应急管理的客体。在社会中的个人、团队或是组织都会有危机，为了能够进一步说明社会工作应急管理，首先要厘清“危机”这一基本概念。国内外学者对“危机”做出了多种界定，他们根据不同的标准定义危机，可谓见仁见智，但是到目前为止仍没有达成共识。

国外学者在研究应急管理的过程中，因所处的领域不同，看待问题的视角不同，以及思维方式不同，对危机的理解和界定存在差异。第一，广泛的危机概念。罗森塔尔（Rosenthal）和皮内伯格（Pijnenburg）勾勒出广泛的危机概念，他们认为，危机是指具有严重威胁、不确定性和有危机感的情境，哭喊是威胁情境下紧急压力的一种反应，它也反映了危机本质上的不确定性及其影响。[①] 罗森塔尔和皮内伯格是从危机事件当事者所处的情境，及当事者在危机状态下所采取的行为方面来解释危机。第二，危机损害。巴顿（Barton）则是从事件对组织及其成员的影响出发，将危机定义为，一个会引起潜在负面影响的具有不确定性的大事件，这种事件及其后果可能对组织及其员工、产品、服务、资产和声誉造成巨大的损害。[②] 其中，巴顿主要是以一个固定组织为主，还特别将组织和员工的声誉作为考察的对象。第三，风险危机。沙拉夫（Shaluf）等认为，危机是一种不正常的情形，它会带来某些特别的、高度的风险，并且，如果不小心管理的话，还将发展成正经事。[③] 沙拉夫与巴顿的见解相似，都将危机解释为事件。但与巴顿所认为的“危机”不同的是，沙拉夫并不将某人或者某个组织纳入解释的范畴内，而是就危机本身进行阐述，并且以危机所引起的后果为切入点。

“危机”一词在中国最早出现于晋代文学家赵至写给嵇康的《与嵇茂齐书》中，其言：“常恐风波潜骇，危机密发。”根据古文，《辞海》对“危机”的解释为潜伏的祸害或危险。在学术界，国内学者对危机过程的研究要晚于国外学者对相关问题的研究，但经过长期的探索和分析，也对危机过程有独到的见解。第一，高鹏程认为，危机是特定时空中具体个人和组织所面临的必须抉择的局势；[④] 第二，薛澜等在《危机管理：转型期中国面临的挑战》一书中提出，危机通常是决策者的核心价值观念受到严重威胁或挑战、有关信息很不充分、事态发展具有高度不确定性和需要迅速决策等不利情境的汇聚；[⑤] 第三，根据国务院军队转业干部安置小组办

---

① 参见罗伯特·希斯《危机管理》，王成、宋炳辉、金瑛译，中信出版社，2001，第1页。

② 参见秦冬雪、何星洁《企业组织危机管理及危机传播控制》，《经营管理者》2015年第3期。

③ Shaluf, Ibrahim M., Fakharu'l-razi Ahmadun and Aini Mat Said. “A Review of Disaster and Crisis,” *Disaster Prevention and Management* 22 (1), 2003.

④ 高鹏程：《行政危机管理——来自可能性的挑战》，《中国软科学》2004年第11期。

⑤ 薛澜、张强、钟开斌：《危机管理：转型期中国面临的挑战》，清华大学出版社，2003。

公室组织编写的《公共管理概论》中，危机可以指某种情境状态，也可以指具体的事件，即危机事件。所谓危机事件，就是一个社会系统的基本价值、根本利益和行为准则受到严重威胁，并且在时间紧、压力大和不确定性极高的情况下必须对其做出关键决策的重大社会事件；[①] 第四，王茂涛认为，危机指的是险境、灾难和时机、转机，它是相对于人类社会生活中正常的社会关系而言的。[②] 因为始终没有一个权威性的定义，国内学者在借鉴西方学者研究成果的基础上，根据实际情况，将“危机”定义为局势或情境。

综合中西方学者对“危机”的定义，可以确定危机是在一定空间内产生的一系列过程，这一系列过程对处于其中的个体或组织而言是不利的情形，迫使个体或组织做出选择。因此，本书认为“危机”是在一定的时空内，来自内外环境的不确定性因素使个体或组织面临潜在的或已发生的不利情境。具体而言，社会工作应急管理中的“危机”包括：第一，个体周围环境潜在的不利因素，这些不利因素可能会促使个体在心理或者身体上产生不良反应；第二，存在于组织内部的潜在风险，以及已经发生的危机事件；第三，突然发生的事件，即突发性事件，如造成或者可能造成严重社会危害，需要采取应急处置措施予以应对的自然灾害、事故灾难、公共卫生事件和社会安全事件。

二　危机的特征

社会工作应急管理的目的在于尽可能控制事态发展，减少危机事件对个人或社区造成的生命、财产损失。在此之前，应该对危机有深入的了解，因为事物的特征是事物的本质表现，是区别于其他事物的本质，只有充分认识危机的特征才能更好地进行应急管理。危机的特征包括突发性、无序性、紧迫性、威胁性、隐蔽性、不确定性、舆论传播性、连锁破坏性、溢出效应性、跨界传播性等。了解危机的主要特点，既有助于我们认

① 国务院军队转业干部安置工作小组办公室组织编写《公共管理概论》，中国人事出版社，2006。

② 王茂涛：《政府危机管理》，合肥工业大学出版社，2005。

真做好危机的预防工作，又有助于危机发生时，我们能够更好应对，减少损失和负面影响。危机具有较为明显的共同特点。

1. 紧急突发性

危机是一种突发性事件。它大多是在人们毫无察觉或准备的情况下偶然发生的。它让人们既感到意外、吃惊，又感到恐惧、害怕，并给社区带来一定程度的影响。

2. 高度不确定性

危机的开端无法按常规进行判断，因为它包含许多未知因素，具有不可预测的特点，它往往潜伏着。社区应急管理中的不确定性主要是指决策主体对危机产生的原因、时间以及未来整体发展状况和破坏性难以确定。一般来说，我们不知什么时候会发生事故。一家企业可以想象会受到舆论的批评、顾客的指责，但很难预料什么时候受到批评和指责，事态是否会扩大，会不会由此使企业陷入不利境地。

3. 严重危害性

危机事件一旦发生，就会使企业面临十分困难的局面，对企业的生存和发展产生极为不利的影响，还会造成一系列的甚至比较严重的危害。比如，空难、海难事故引起的危机，往往在危害企业的同时，还危害当事人及其亲属的生理、心理和精神健康。危机事件不同于一般的矛盾或小问题，它涉及面广，影响巨大，危害严重，造成企业或组织多方面的损失和伤害，甚至使其遭到灭顶之灾。

4. 极大受关注性

危机事件常常成为社会舆论关注的焦点和热点。它往往是新闻传播媒介最佳的新闻素材与报道线索。每一起意外事件不尽相同，相关机构应变的态度也颇见差异。但确定无疑的是，当悲剧发生时，群众和媒体的注意力一定集中在出事的地方。有时，危机事件不仅引起国内各界公众的关注，还会引起世界各国的关切和注意。如 1984 年 12 月美国联合碳化物公司印度分公司发生的博帕尔毒气泄漏事故，造成了大量人员死亡；2001 年的美国“9·11”事件，2008 年俄罗斯的库尔斯克号核潜艇的沉没，都是在非常短的时间内成为全世界大小媒体广泛报道的焦点。

5. 显著复杂性

危机有比较显著的复杂性。一旦发生危机，无论是处理危机、控制危机，还是协调与危机有关的方方面面问题，都非常复杂，往往涉及比平时更多的人，需投入大量的钱财和物资。通常，一个企业发生灾难事故，又造成人员伤亡的话，其处置中涉及的单位、部门从十多个到几十个不等。

6. 决策非程序性

决策的非程序性是指为解决不经常重复出现的、非常规的新问题所进行的决策。危机发生后，社区应急管理者必须在有限的信息、资源和时间的条件下寻求比较满意的处理方案。

7. 舆论传播性

随着科技的不断发展和进步，世界信息网逐步连为一个整体，信息在危机的产生和蔓延过程中也起着重要作用。危机的舆论传播性主要在于，舆论传播会导致危机发酵。例如，网络言论可能会造成网络危机，包括企业品牌受损、网民舆论错误导向、网络信息不实等。另外，危机的发展受到舆论传播的影响，可能造成危机的加重，也可能会使危机得到遏制。

随着社会经济结构的复杂化，以及人员、信息、资金等流动性的增强，危机的形态也越来越复杂，例如，美国的次贷危机，对全球经济发展产生了影响，引起了全球的金融危机，这是一种跨区域的危机跨界传播的体现。

8. 连锁反应性

危机不但具有极大的破坏性，还具有连锁的反应性。“连锁反应”是指当危机没有得到有效应对时，将可能产生类似的危机或引发新的危机，例如，地震发生时可能伴随海啸，造成双重灾害。

9. 溢出效应性

所谓溢出效应，是指事物一个方面的发展带动了该事物其他方面的发展。而危机的溢出效应性则在于，当危机信息的质量和数量不足以达到使利益相关者形成新的认知平衡时，他们将运用归因理论使与危机类似的事物受到传染效应，但当传播中的危机信息变化时，利益相关者的认知受其影响也发生变化，危机的溢出效应可能会分化成传染效应。

三　危机与社会管理

我们已经介绍了何为“危机”，以及危机的特征，对危机已经有大致的了解。社会工作应急管理主要讨论的是应急管理系统中的危机前预警防控、危机发生过程中的应急管理以及危机发生后的善后工作三个阶段的处理内容。完善社区应急管理体制有利于减少居民财产和生命损失。在发生危机事件时，社区居民是危机的最直接受害者，生命和财产安全受到严重威胁，不当的社区应急管理对于深陷危机中居民的身心健康和自身利益可能是雪上加霜，而我们能做的就是完善社区应急管理体系，使社区居民的生命和财产得到保护。完善社区应急管理机制有利于社会长期稳定发展。社区危机的发生对于社区的发展往往具有破坏性的作用。社区形成的基础是居民，社区的稳定发展是社会安定平稳发展的重要基础、是建立和谐社会的重要前提。科学的社会工作应急管理可以提升社区处理突发事件的能力。

危机是在一定的时空内，来自内外环境的不确定因素，使社区中的个体或组织面临潜在的或已发生的不利情境。社会工作应急管理是指当个人或组织正在面临潜在的或已发生的不利情境，而又需要外界帮助时，社会工作者能够运用专业知识和技巧帮助他们度过危险时刻，做到转危为机。

危机无处不在，无时不有。无论个体或组织都有可能面临危险时刻而需要外界资源的帮助。为此，中国众多学者不断研究社会工作本土化的发展路径，促使社会工作积极参与应急管理。社会工作作为一门专业学科，有学科理论基础做支撑，并在理论指导下运用专业技能和技巧助人自助。社会工作也是一项调整社会关系，预防和解决社会问题，提高人们的生活质量和促进社区发展的工作，在一定程度上可缓解社会危机，解决社会矛盾，促进整体社会的良性运行。当个体或社区组织面临危机的情况时，社会工作能够运用专业知识和技巧帮助他们渡过危机，减少危机所带来的伤害。例如，危机介入模式是社会工作的专业技巧之一，社会工作的危机介入模式是针对服务对象的危机状态而开展的调适和治疗的工作方法，其工作内容是，第一，及时处理危机；第二，减少危害；第三，鼓励服务对象；第四，提供支持；第五，恢复服务对象心理健康；第六，帮助服务对象提升危机应对能力。

综上所述，社会工作具有应对危机的专业知识和专业技巧，所以能够作为应急管理的方式、方法。但是也应该认识到，社会工作并非万能学科，因此，在中国文化大背景下，社会工作的运用还存在局限性，社会工作在应急管理过程中并不能够化解所有危机。

第二节　社会工作应急管理的概念与特征

时代的飞速发展、经济的高速增长在创造舒适的人类生存环境的同时，带来的是社会风险的增加，以及社会危机的频发。因此，应时代的要求，为了人类社会的长远和谐发展，需要建立健全危机应急管理体系，以有效预防和应对社会危机。政府是应急管理体系的核心，起到宏观调控的作用，但仅依靠政府的力量还不足以将应急管理体系的作用发挥到最大，还需要借助社会力量，所以政府应该调动社会积极性，集合社会资源，实现资源优化配置，全社会共同推动危机应急管理的有效运行。从发达国家应急管理体系建设的经验来看，社会工作在预防和应对危机过程中起着重要作用，应该被纳入应急管理体系中，并建立完善的社会工作应急管理机制。

一　社会工作应急管理的概念

社会工作是一项以助人自助为宗旨，运用专业理论知识和专业方法、技巧解决社会问题的工作。在高风险社会中，社会危机频繁发生，严重影响社会的和谐发展，而社会工作对预防和应对社会危机具有重要作用。因此，将社会工作纳入应急管理体系就非常有必要。事实上，很多发达国家已经将社会工作纳入应急管理体系，并且，社会工作也在预防和应对危机过程中发挥了积极的作用。美国的社会工作应急管理发展较早，早在美国内战时期，社会工作就已经参与应急管理，但主要承担的是对战后军人心理创伤进行抚慰的工作，而后在灾害社会学、灾害心理学、组织行为学等理论指导下，对灾后受到心理冲击和留下心灵创伤的受灾群众以灾后心理恢复为内容实施心理干预。时至今日，美国的社会工作应急管理体系已发展得较为完善。美国红十字会是受法律保护的合法的应急管理组织，社工通过加入红十字会开展社会工作应急管理。

那么，究竟何为社会工作应急管理，社会工作应急管理包含什么内容？这是本研究的重要内容。

关于社会工作应急管理的概念界定，目前学界还没有统一的答案。美国联邦紧急事务管理局将应急管理定义为，通过组织分析、规划决策和对可用资源的分配，以实施对灾难影响的减除、准备、应对和恢复，其目标是拯救生命、防止伤亡、保护财产和环境。[①] 西方学者詹姆士·米切尔认为，应急管理是指为应对即将出现或已经出现的灾害而采取的救援措施，不仅包括紧急灾害期间的行动，还包括灾前的备灾措施和灾后的救灾工作。[②] 国内学者曹杰等则认为，应急管理是指应用管理学的知识对应急行为人和事务进行管理，即在紧急状况发生或预测紧急状况发生时，确切知道要针对性地去做什么，并注意采用最好最经济的管理方法去应对。[③] 在这里，我们所指的应急管理主体是社会工作者或社会工作机构，应急管理的方法是在预防和应对社会危机的过程中，运用建立在科学理论基础上的社会工作方法和技巧。

综上所述，我们认为社会工作应急管理是，社会工作机构或社会工作者在预防和应对社会危机，以及事后重建和恢复的过程中，在科学理论的基础上，根据实际服务需求，运用专业的社会工作方法和技巧缓解危机，并减轻危机带来的财产、生命安全的损失。此处所述的应急管理并非政府宏观层面的行政管理，而是属于整体应急管理体系中的子系统，是微观技术层面的危机预防和应对。

二　社会工作应急管理的特征

以社会工作为主体的应急管理体系具有独特性，与其他类型的应急管

① 曹杰、朱莉编著《现代应急管理》，科学出版社，2011，第 4 页。

② 李学举主编《灾害应急管理》，中国社会出版社，2005。

③ 曹杰、朱莉编著《现代应急管理》，科学出版社，2011，第 5 页。

理相比，社会工作应急管理有其特征，这是区分社会工作应急管理与其他类型的应急管理的因素之一。

1. 社会工作的专业性

社会工作应急管理与其他类型的应急管理的本质区别在于，社会工作应急管理强调的是在应急管理过程中应用社会工作方法和技巧，包括个案工作、小组工作、社区工作等方法，针对不同类型的社会危机，以及不同的服务对象，科学地运用社会政策、社会研究和专业技巧，有针对性地开展应急管理行动。社会工作理论基础来源于多学科的理论，如社会学、心理学、组织行为学等学科的理论都是指导社会工作实务的理论基础，为了适应社会发展过程中的高风险性，灾害社会工作理论也得到了发展，因此，多学科融合和相互作用成为社会工作与其他专业的区别。在面对突如其来的社会危机时，社会工作能够以不同的学科视角对危机进行分析评估，采取灵活的方式应对；并且，在多学科理论指导下，社会工作能够运用不同的工作方法开展工作。目前，对于社会工作领域的划分越来越细化，例如，青少年社会工作、老年社会工作、家庭社会工作、医务社会工作等。社会工作更加专业化，这也是社会工作区分于其他专业的地方。因此，社会工作应急管理最本质的特征在于，社会工作应急管理是以社会工作专业为基础，运用社会工作方法和技巧预防与应对危机的应急管理体系。

2. 服务对象的需求性

与国家宏观应急管理体系相比，社会工作应急管理更注重受害者的需求。国家宏观应急管理体系的出发点是国家宏观的人和物，以全局性为出发点，与此不同的是，社会工作应急管理则侧重于受害者的多方面需求，包括救助、心理辅导、能力促进、社区重建和医疗服务等方面，目的在于让受害者摆脱社会危机带来的心理影响，并帮助他们重新回归社会，开始自我主导的生活，这也体现了社会工作助人自助的宗旨。在介入危机事件后，社会工作者将对现场情况进行评估，主要目的是明确受灾地区目前的情况、受灾者所需要的服务，以及目前进行应急处置和恢复重建所能够调用的资源，然后再根据实际评估结果开展应急管理工作。在整个应急管理过程中，社会工作者始终围绕服务对象的需求开展工作，是微观层面上的技术应急管理。

3. 应急管理的全程性

传统的应急管理注重对社会危机的应对，然而却忽视了对社会危机的预防。当社会危机产生并危害程度不断加深时，往往会增加危机应急处置的成本，事后的恢复和重建需要投入更多的人力、物力和财力。因此，针对传统应急管理的弊端，现代应急管理倾向于注重对导致社会危机产生的风险因素进行控制，预防社会危机的产生和不断恶化。社会工作应急管理具有全程性，而不只是参与整体应急管理的某一过程，它是一个完整的应急管理体系，也是一系列应急过程的集合体。社区是社会工作开展的主要地域，而社区是最容易滋生风险因素也是社会危机影响最严重的地方。因此，社会工作可以利用自身优势预防危机产生，并在危机发生后能够发挥第一时间采取应急处置、减少危机带来的恶性影响的作用。与其他类型的应急管理体系相比，社会工作应急管理体系与整体管理体系能够实现全过程的配合，也可以说，社会工作参与整体应急管理的全过程，是社会工作应急管理与其他应急管理体系的不同之处。

4. 危机介入的差异性

目前，我国社会工作应急管理体系忽视了一个差异性问题。社会工作介入社会危机事件的途径主要包括政府直接领导的社会工作队伍介入、具有高校背景的社会工作团队介入、以企业背景注册登记的社会组织身份介入、境外社会组织经政府批准介入等多种。在鲁甸地震灾害恢复中，社会工作机构也作为一种应急主体参与了灾后重建，其中，有些城市社工服务团队就采取了“高校社工研究人员 + 一线社工实务工作者”的团队组建方案，这是一支相对专业的社会工作服务队。另外，在国际上，社会工作应急管理中应急主体的介入途径又存在差别。以美国为例，美国社会工作者要介入危机事件开展应急管理工作可以通过参加正式被批准的应急管理组织——如美国红十字会——介入，或者以社会组织的身份向相关管理部门申请介入，也可以以志愿者的身份申请介入。不同性质社会工作应急服务主体，其介入途径存在差别，这种多元化的介入途径拓宽了社会工作应急管理的服务平台，也能集合更多的应急管理力量。但是，也应该注意到，虽然社会工作应急管理的力量在不断增强，但是整体而言，社会工作应急管理呈现碎片化，没有得到有效的整合，这也是未来完善和健全社会工作应急管理体系需要面临和解决的问题。另外，社会工作在应急管理中，可以根据不同的需求采取相应的社会工作方法，包括个案工作、小组工作、社区工作等。

5. 危机应对的多元性

社会工作应急管理的核心在于整合社会力量，形成多元参与氛围，培育社会企业、社区居民和社会组织参与意识，提高社会工作应急管理的效率。然而，我们社会中有一部分弱势群体，他们可能是老年人、儿童、残疾人，或者是贫困人群等。这些弱势群体能够获取信息资源或物质资源的渠道较少，在社会危机发生时，他们无法及时获得与危机事件相关的信息，并分析情况做出合理判断，从而造成应对危机的行动延迟，结果往往是这部分人群受到危机的影响最大，损失也最严重。社会工作长期以来将弱势群体作为关注对象，并发展出老年社会工作、青少年社会工作、残疾人社会工作等学科分支，在社会工作应急管理中也始终以关怀弱势群体为任务，以此减少危机给社会造成的损失。

社会工作应急管理的使命包括，将弱势人群和服务系统链接起来，使人们能够更加方便地获得资源。[①] 社会工作应急管理的另一个任务就是资源整合。为了让弱势群体在危机事件中转危为安，社会工作者在应对危机过程中，主要扮演的是资源整合者角色。社会工作者自身资源有限，无法独自完成应急管理工作，需要与其他应急管理子系统联系，与其他救援队伍配合以实现资源的整合，这样才能完成应急管理工作。因此，对弱势群体的关怀和资源整合是社会工作应急管理的任务，也是社会工作应急管理的特征。

由此可见，社会工作应急管理是国家宏观应急管理体系的子系统，是建立在社会工作专业微观层面的应急管理体系，也体现着以人为本的价值理念。社会工作特别关注弱势群体的需求，重新整合资源，帮助服务对象脱离危机。将社会工作纳入应急管理体系是十分必要的，建立和完善社会

---

① 张粉霞、张昱：《化危机为转机：国际灾害社会工作研究综述》，《社会工作》2014 年第 1 期，第 141～156 页。

工作应急管理体系势在必行，因为社会工作应急管理体系与其他类型的应急管理子系统存在区别，社会工作应急管理体系是不能够被取代的，所以各应急管理子系统相互配合、协调工作才能达到整体的应急效果。

第三节　社会工作应急管理中存在的主要问题

随着时代的发展以及社会结构的转型，新旧矛盾的激化必然诱发社会危机的产生。马克思辩证唯物主义提出，事物及其矛盾的产生、变化和发展是内因和外因共同作用的结果。内因是根本，外因通过内因起作用。社会危机产生的原因是多方面的，既有内因又有外因，二者共同作用引起社会危机的产生。内因也是导致社会危机产生的根本原因。金太军在《政府公共危机管理失灵：内在机理与消解路径——基于风险社会视域》一文中就曾指出，我国社区公共危机事件之所以多发，且呈上升的趋势，其中的原因是多方面的，危机事件发生的原因有宏观的政治、经济、社会和环境等方面的因素，例如，经济问题的全球化蔓延等；还有微观的地域方面的因素，如一些地方政府的不当作为、企业劳资关系紧张等。[①] 过度的经济消费和社会行为导致了自然灾害、事故灾难频发，受内因的影响，外因会发生作用而引发社会危机。社会危机产生的外因来自人类所处自然环境的不可控因素，自然界不可控因素的影响可能会引起自然灾害事件、事故灾难。或者在全球化背景下，国际环境及局势的影响，可能会引起本国的社会危机，如战争、金融危机、环境污染等。

一　社区居民危机意识不强

社区是社会的细胞，是居民生活的聚集地。社区居民在危机发生前的预防、危机发生中的应对和危机发生后的救助中，应急处理不当或是应急

① 金太军：《政府公共危机管理失灵：内在机理与消解路径——基于风险社会视域》，《学术月刊》2011 年第 9 期，第 6 页。

处理失误都可能导致整栋楼甚至整个社区的居民受到危害。因此，提高每个社区居民的应急处置能力是十分必要的。

调查发现，社区居民的危机意识不强，在生活过程中缺乏对危机事件的防范意识和有效的应对机制，当突发问题出现时往往会力不从心，造成一些不必要的麻烦，在一定程度上影响了社区应急管理成效，增加了应急管理的难度。社区居民应急意识不强的部分原因是，自我国改革开放以来长时期处于相对稳定的社会状态中，社区居民对于如今频发的突发性事件没有任何准备，对于发生在他人身上的事故灾害通常抱有侥幸心理，不了解危机处理知识的重要性，更不愿积极参与社区组织的讲座、演练，从而在危机发生时，会显得措手不及，没有充足的能力及时准确地应对这些突发状况。

二　预警系统不完善

在应急管理工作中，建立预警系统尤为重要。社区预警系统不完善首先表现在危机预警设备的落后上。社区预警系统的不完善还表现在社区危机预案的缺失上。社区危机预案是社区开展突发事件预防、准备、响应、恢复的行动指南，是提高社区应对突发事件能力的重要保障。然而，目前，社区的预案存在格式不规范、内容不全面、实际操作性不强等问题。

三　应急管理措施不到位

应急管理不到位，首先表现在社区居民委员会对于危机处理的措施不到位。政府作为公共资源的最大拥有者，在社区危机事件的处理中应该起主导性的作用，对社区危机的管理给予高度的重视。2008 年的冰雪灾害和“5·12”汶川大地震等自然灾害不仅是我国防范应对重大自然灾害的一次全面考验，更暴露出基层社区在应对突发性重大自然灾害中处理能力的不足，在危机事件突然发生时，社区居委会显得有些束手无策。目前，社区居民委员会需处理的事务种类繁杂，无暇顾及社区应急管理这一方面。同时，缺乏相应的监督机制，加上社区居民委员会的资金不足、权力受限、资源较少，直接导致了社区应急管理措施的不到位，应急处理能力不足。

四　危机善后管理不充分

危机善后管理主要是消除危机处理后遗留的问题和影响。危机发生后，管理者形象受到了影响，公众对社区管理者会非常敏感，要靠一系列危机善后管理工作来挽回形象。危机善后管理是指突发事件的危险和危害基本得到控制或者消除后，及时组织开展事后恢复与重建工作，减轻突发事件造成的损失和影响，尽快恢复生产、生活、工作和社会秩序，妥善解决处置突发事件过程中引发的矛盾和纠纷的一整套机制。在善后工作处理过程中，我们往往关注物资援助、经济赔偿，在做完短暂的访问抚慰工作之后，就急于进行总结汇报。在善后工作中我们必须做到长期的心理辅导援助。社区危机带来的不仅仅是物质上的损失，更会给受害者带来心灵上的重创，进行有效的心理辅导以帮助受灾者走出阴影是一个漫长的过程，不容忽视。

五　经济社会发展程度影响应急管理成效

第一，经济发展程度与社会稳定相联系，经济发达国家社会危机发生率远低于经济落后国家。经济发展程度通常是以一国经济发展水平、工业化程度及国民生产总值（GNP）多少、国民人均收入水平及医疗保健水平等为评价标准。[①] 经济发展程度往往与社会稳定相联系，尤其是经济发展水平处于中等阶段极易产生社会危机。经济发展水平较为发达，就能较全面地满足公民的利益诉求，并且能够化解与自然环境之间的矛盾。因此，在一定程度上能够抑制和快速化解危机。另外，经济发展水平低的国家，社会化治理程度较低，公众的利益诉求较少。第二，经济发展速度影响国家现代化的进程。现代化进程的加速代表工业化、城市化、社会化等方面的进程加快，过快的发展速度可能会诱发社会危机的产生。社会经济发展速度加快带来工业化、城市化和社会化等方面的进程加快，需要与之相匹

① 马小军：《当代社会危机的类型分析与变量分析》，《理论前沿》2003 年第 2 期，第 15 ~ 17 页。

配的社会发展速度，当两者不能够相互适应时，就会导致工业化过快引起与自然环境的矛盾。还有，城市化过快和城市迁移的集聚加剧了社会冲突的风险，也成为社会危机产生的隐患。中国经济正处于高速运转的状态。经济的高速运转和社会发展进程缓慢之间的不平衡促使中国的整体发展过程中蕴藏着风险，例如城乡发展的分化、区域间发展不平衡、贫富差距的逐步扩大等，社会风险的集聚导致社会危机的产生。第三，经济结构转型使经济成分复杂化，多种经济成分共同运作和摩擦产生社区危机。20 世纪 70 年代末，为适应时代的要求，中国开始从计划经济向市场经济转轨，打破原有计划与市场对立的局面，逐步转向市场化。计划经济向市场经济的转轨激发了市场活力，提高了经济效率和效益，但是在新旧模式的转换过程中，摩擦会形成新的社会矛盾和产生社区危机，例如人口过分集聚等。这些都是在经济结构转型过程中所要面临的新问题，一旦不能有效解决，就会降低社区居民对政府的信任度，可能导致群体性事件等社会危机的出现。并且，随着全球经济的一体化，中国经济与全球经济紧密相联，世界市场的变化会对中国市场造成影响。因此，经济结构的转型使新经济形势对传统计划经济造成冲击，新旧经济结构的转变会形成新的矛盾，这就是社会危机产生的潜在风险之一。第四，社会危机产生的社会原因主要是社会结构失衡和社会不平等。首先，社会结构是指一个国家或地区占有一定资源、机会的社会成员的组成方式与关系格局。[①] 具体而言，社会结构又是社会阶层结构、城乡结构、区域结构、家庭结构、人口结构等多个子系统的集合体。社会结构失衡是指，社会结构转型与整体社会发展之间存在不平衡。例如，在发展中国家快速城市化的过程中，流动人口不断涌入城市中，但城市的发展还不能充分容纳所有流入人口。社会发展在不能够满足或适应社会结构的转型和发展时，就会对社会结构转型和发展造成阻碍，这是社会危机产生的内在原因。其次，随着时代的发展，社会分工逐步细化，社会阶层越来越多元，如果满足不了各群体的利益诉求，就可能会影响社会的稳定，引发社会结构失衡和社会不平等，从而加剧社会焦虑，使社会成员产生越轨行为，或者有些社会成员可能会对社会采取报复

① 龚维斌：《社会结构变迁与社会治理创新》，国家行政学院出版社，2014，第 150 页。

行为，从而引发社会危机。中国在改革开放以前，权力高度集中，计划经济体制使社会和市场对立，社会成员对领袖抱有极高的崇拜和信仰，成员之间利益基本趋向平等，且对于权力、利益、平等、安全的追求意识也并不强烈。因此，基于各种因素，社会成员对社会充满安全感。然而，改革开放后，社会急剧转型，社会成员的安全感下降，从而易引发社会危机。第五，文化的差异导致的文化冲突，是社会危机产生的不可忽视的又一个重要原因。文化是宏观的概念，它包含多方面的内容，目前，学术界还未对它做出明确的定义。文化被认为是对客观事物的总结和提升，是以感性认识形式出现的物质。然而，不同的文化之间，如不同民族、宗教、地域间的文化易产生冲突。文化冲突是不同性质、不同类型的文化在不断发展过程中由于各自功能等的差异而形成的各种碰撞、对抗或者交融现象。① 文化冲突可能产生于同质文化，也可能来自异质文化。同质文化冲突发生在没有外来文化介入和影响的情况下，由于内部文化之间产生隔阂和矛盾，或是旧文化意识逐渐被新文化意识所取代的过程中产生的危机被扩大化，导致大范围的社会区域受到危机冲击形成社会危机。而异质文化的冲突主要是两种以上不同性质的文化之间摩擦形成的文化冲突。目前，在全球化背景下，跨国文化冲突已经十分明显和突出，尤其是在不同种族之间的跨国文化冲突。

当然，社会危机的产生不能够归咎于某一方面的原因，其是多种因素共同推动的结果。政治、经济、社会和文化都是整体社会发展的产物，相互之间有着不可分割的联系，环环相扣，社会危机就产生于所有方面在运行过程不能协调统一的缝隙中。因此，为了避免社会危机的发生，应该不断协调社会整体的运行，防范风险。

第四节　社会工作应急管理面临的各种挑战

新冠肺炎疫情的发生充分体现了风险的全球性。风险的预期结果难以

---

① 陈吉德：《全球化时代的文化冲突：释义与分析》，《学术前沿》2015 年第 19 期，第 88 ~ 94 页。

预测，未来风险具有诸多的不确定性，表明某种危机事件可能会发生，且后果是严重的，[①] 突发危机事件的频发就是风险从量变到质变的结果。处于风险社会之中的社会工作能够根据自身优势规避、控制和转移风险，以社会工作方法为核心技术的应急管理体系能够整合社会资源，从而帮助弱势群体摆脱危机影响。但社会危机事件集聚了更多的风险因素，社会工作在介入社会危机事件开展应急服务工作时可能会面临各种挑战，这些挑战会阻碍应急工作的开展和影响服务效果。因此，在应急管理过程中，掌握风险变化的动态规律，事先做好防范风险的准备，是社会工作顺利开展应急管理服务的必要前提。就目前而言，社会工作服务主要面临以下几种挑战。

一 社会工作服务需要制度性保障

社会工作在许多区域都还属于新兴行业，尤其是在欠发达地区。社会转型为社会工作服务领域扩展提供了机遇。每个新领域的开拓都需要社会制度的保障，然而，社会工作虽具有通过服务弱势群体化解社会危机的功能，但缺乏制度性规定。社会工作应急管理缺乏制度性规定成为社会工作服务面临的挑战，这样的挑战使社会工作服务无法持续，社会工作应急管理运行受到一定阻碍。

社会工作服务缺乏制度性规定。首先，在介入社会危机事件时合法性地位得不到认同，可能会使服务对象对社工产生不信任感，尤其是在服务对象对社会工作缺乏了解时，服务对象在与社会工作者交流过程中会有所隐瞒，从而使社会工作者在信息缺失的情况下产生误解，进而不利于后续应急管理工作的开展。其次，在整体应急管理体系中，应该以政府为主导，各个应急子系统协调配合。社会工作具有应急管理功能，应该被纳入整体应急管理体系配合其他子系统处理社区危机，但没有规范的制度性规定，各部门或各应急子系统无法有效相互配合。因此，在缺乏制度性规定下，社会工作应急管理面临资源整合失效的情况。最后，社会工作服务开

① 曹杰、朱莉编著《现代应急管理》，科学出版社，2011，第191页。

展也需要社工与服务对象、社工与社工之间配合完成，然而缺乏制度性规范的引导和限制，这些关系网络在没有规范的状态下交换信息可能无法实现预期效果。

总之，社会工作服务缺乏制度保障会让应急管理过程陷入困境，为了避免让社会工作服务面临这样的挑战，应该从两方面着手完善制度：一方面，在顶层制度设计中，将社会工作纳入应急管理体系，为社会工作服务提供合理介入依据和合法性地位；另一方面，对社会工作应急管理做出制度性规定，规范应急管理的运行程序，保证社会工作服务行为的有序进行。

二　社会工作服务人员缺少应急管理知识和技能

社会经济的发展在激发社会活力的同时也易滋生社会风险因素。风险因素的激增会形成风险，风险的汇聚又会促发社会危机，层出不穷的社会危机给社会工作服务带来了挑战。面对危机的挑战，社会工作者要不断学习和掌握有关危机的理论知识和实务技能，提高危机救援意识和能力。否则，在社会危机突如其来时，社会工作者将因缺少社会应急管理知识和技能而束手无策。

社会危机事件也可以称突发公共事件，事件的产生会给国家和人民带来生命财产的损失。在《国家突发公共事件总体应急预案》中，根据突发公共事件的发生过程、性质和机理，将突发公共事件主要分为四大类：自然灾害、事故灾难、公共卫生事件、社会安全事件。每种类型下又分不同的危机事件，在不同类型的危机事件中，要帮助的人群不同；在不同类型的危机事件的不同发展阶段中，受害者的心理和物质需求也不同。自然灾害的发生，如“5·12”汶川大地震、印尼海啸、美国“艾琳”飓风，会对社会发展造成严重影响，受害者急需社会支援，此时，社会工作能够整合资源，提供服务，减轻受害者的心理压力，以及消除灾难对受害者及其家属带来的心理阴影，并且帮助弱势群体解决生存问题。而事后，社会工作的目标是协助受害者恢复生活，以积极的心态重新融入社会生活。在应急管理的不同时期，需要解决的问题不同。社会工作者在介入危机事件后，在帮助受困者脱离危机的同时，也要保证自身在应急管理过程中的生命财产安全，只有自身处于安全状态才能实施救援。如果社会工作者自身缺乏应有的自救和应急管理技巧，那么不仅不能有效开展社会工作服务，还会让受困者再次陷入危机，加重救援的难度。

事实上，社会工作应急管理是一个新的服务领域，前人所积累的经验还不能完全应对千变万化的社会危机，还需要不断对新环境进行探索和研究，避免因缺少应急管理知识和技能而陷入困境。在西方发达国家，社会工作已被纳入应急管理体系，并且已经组建了在灾害发生时就能够投入的灾害社会工作者队伍，他们具备专业应急服务知识和技能，能够对社会危机做出快速反应。欠发达国家/地区的社会工作应急管理起步较晚，但是我们可以借鉴发达国家/地区的经验，结合我国实际情况，培养一支熟练掌握应急管理技巧的社会工作服务队伍。

三　社会工作无法整合应急资源

在应急管理过程中，社会工作服务的主要任务是，通过整合社会资源帮助弱势群体走出危机困境。社会工作本身不具备生产物质资源的功能，但可以将社会公共资源进行重新整合以实现优化配置。在资源匮乏的灾区开展救援对社会工作而言是一项巨大的挑战，尤其是在服务地区范围较广和服务对象较多的灾区。因此，社会工作如何获取和整合资源是非常重要的，甚至可以说是社会工作应急管理成败的关键所在。

针对应急管理各个阶段的目标，社会工作所要整合资源的方式和途径存在差异。在应急管理的预防阶段，社会工作的目标是要让服务区域内的社区居民，特别是老年人、青少年、残疾人等弱势群体能够拓宽信息来源渠道，因为这部分群体能够获得信息的渠道比较少，所以他们是危机事件中最可能受到伤害的群体。拓宽弱势群体信息获取渠道可以通过社区宣传、应急知识教育、应急演习等方式，在活动开展时可以整合社会资源，包括应急救援部门、社会组织等的资源，以此作为社会工作服务的重要内容。如果社会工作开展应急服务时得不到社会资源——包括人力资源、物力资源和财力资源——的供给会给后续社会工作服务的开展带来风险。

整合资源是社会工作应急服务的重要手段，也是社会工作服务开展效果的重要影响因素。在应急管理的不同阶段，服务对象的需求存在差异，需要整合不同的资源以满足服务对象的需求，并且，危机事件发生后，受到外部因素影响，区域之间的资源分配极易产生不平衡，所以在无法获得社会资源支持的情况下开展社会工作服务是一个挑战，而无法获取足够的资源或是无法有效整合资源都会对社会工作服务产生影响。

四　社会工作服务的伦理困境风险

社会工作服务能否顺利开展受制于外部环境和内部因素。内部因素除了社会工作专业理论知识，以及社会工作方法和技巧外，还有社会工作专业伦理价值。社会工作专业伦理价值能够在社会工作服务过程中引导社会工作者做出正确且恰当的选择。在介入社会危机事件时，社会工作专业伦理会为社会工作服务提供方向，可为社会工作者选择正确的行为方式提供指引。当处于危机事件中时，社会工作者也可能会陷入伦理困境而难以做出抉择。伦理困境主要是指，专业价值中对从业者要求的不同责任与义务之间发生相互冲突的情况。[①] 社会工作服务的伦理困境体现在社会工作者在开展社会工作服务过程中，专业价值责任与义务之间的冲突与矛盾。

社会工作者在服务过程中遭遇伦理困境的根本原因在于，社会工作伦理与价值观之间的冲突。首先，社会工作伦理与社会价值观之间存在差异。社会工作伦理源于社会价值观，但又不完全等同于社会价值观。社会工作伦理代表着整个社会工作专业团体在服务过程中关于正义、个人尊严、社会关系等多方面的看法和评判标准，也是社会工作区别于其他专业性工作的重要特征，而社会价值观是社会在发展过程中形成的共识。例如，在社会工作服务过程中，服务对象向社工讲述个人可能的违法行为，社工具有替案主保密的伦理要求，在社会工作伦理与社会价值观相冲突的情况下，社会工作者应该如何做出选择？这就是社会工作理论与社会价值观之间存在差异所导致的伦理困境。其次，社会工作伦理与社会工作者个

① 唐梅、曹玲编著《社会工作伦理》，中国社会科学出版社，2015，第22页。

人价值观之间存在差异。社会工作伦理困境不仅会发生在直接服务过程中，也可能发生在间接服务过程中，如在开展应急管理服务时，对于已整合的有限资源如何分配的问题，或者社会工作者与机构政策产生分歧等的情况。伦理决定是指人们必须在行动或实践过程中决定哪一种行为是好的或正确的，必须判断行动或实践本身对受助者的影响，以符合专业行为的道德要求。[①] 当社会工作伦理与社会工作者个人价值观相冲突，然而社会工作者又必须做出伦理判断或选择时，社会工作者就会陷入伦理困境。最后，社会工作者与同事之间的差异。社会工作伦理源于社会价值观，社会价值观代表整个社会的共识，但是每个社会人们所生活的背景不相同，因而对价值观的解读也存在差异，所以社会工作者在开展社会工作服务时可能会因立场和社会工作伦理之间的差异而陷入伦理困境。

行为受思想的支配，所以社会工作伦理对社会工作服务质量有较大的影响，如果社会工作者无法做到无私和客观公正，那么就会对受助对象的利益造成损失。社会工作伦理困境可能发生于社会工作服务过程的任何阶段，也是社会工作者在开展社会工作服务时可能遇到的风险，需要社会工作者做出正确的伦理决定。但无论如何，为了化解风险，社会工作者应该始终将受助者的利益放在首位，并履行专业操守和准则。

如今，我们的社会已进入高风险时期，无论是否发生社会危机事件，周围的社会环境都充满着风险因素，当我们在规避风险、化解危机的同时，新的风险因素也在滋生。那么，社会工作服务可以做的就是在社会危机发生之前为受助者提供风险因素信息、规避社会风险，以及在社会危机发生之后帮助受助者化解危机，但无论是在预防还是在应对危机过程中，社会工作者首先应该让自己看清社会工作服务过程中可能会遇到的风险，包括规范性制度的协调度、灾害社会工作知识和技巧的掌握度、资源的获取途径和分配问题、社会工作伦理困境中的伦理决定等，然后采取措施尽可能地规避风险，只有这样才能保证社会工作服务的顺利开展，高效地服务受助者。

---

① 王思斌主编《社会工作导论》，高等教育出版社，2009，第88页。

第五节　社会工作应急预防

社会危机事件并非一触即发，它是一个渐进的过程，如果在每个阶段得不到有效应对和处理，就会形成严重的危机事件。现代应急管理将危机看作一个动态过程，根据社会危机事件的发展态势将其分为三个阶段：应急预防、应急处置和恢复重建。风险集聚促发危机，随时间推移，危机对社会的伤害范围随之扩大，伤害程度随之加深，并随危机处置和应对慢慢减弱。在危机伤害范围扩大和伤害程度加深时，应急成本和处置难度也会增加，所以从源头治理更为高效。因此，现代应急管理与传统应急管理相比，它的一个重要特点在于，更注重以预防为主的应急机制建设。2007 年 11 月施行的《中华人民共和国突发事件应对法》中的第五条明确规定，突发事件应对工作实行以预防为主、预防与应急相结合的原则。社会工作的应急功能决定了社会工作要始终贯穿于应急管理的各个阶段，而且社会工作应急预防尤为重要。

社会工作应急预防能够在最大限度上有效地抑制和降低社会危机带来的社会危害。现代应急预防是建立具有科学性的预防机制和预警机制，并根据事件发展态势协调二者之间的运行以达到预防危机事件的目的，也就是说，应急预防又可以分为预防机制和预警机制。其中，预防机制是指在认识突发事件发生发展规律的基础上，利用科学管理技术手段，通过阻止突发事件发生或增强抵御突发事件发生的能力，从源头上削弱其生成的环境条件，为降低其发生概率而制定的应急活动行为过程。[①] 另外，在预防机制之后，预警机制的关键在于信息资料的收集，通过对信息资料的分析，预测危机事态的发展，以及对风险的评估等，最终实现对危机事件的预测和预先处置。社会工作具备参与应急管理的功能，因此，社会工作危机应急管理也是一个完整的应急管理体系，在危机预防阶段具有重要作用。

---

① 曹杰、朱莉编著《现代应急管理》，科学出版社，2011，第 135 页。

一　社会工作应急预防策略

社会工作者的工作基本上是在某一社区内。风险集聚引发危机会造成严重的生命财产安全损失，社会工作者长期活动在风险集中地能够及时收集信息，在危机发生时也能够第一时间做出应急反应。社会工作在应急预防中具有优势。积极的应急预防策略可以帮助社会工作者更好地服务现代应急管理过程。积极的社会工作应急预防策略应该包括以下几个方面。

1. 培养专业社会工作应急队伍

应急管理对执行者的专业素质有着严格的要求，这关系着应急管理执行者能否有效应对危机，并保证自身和受助者的生命财产安全得到保护。从现代应急管理角度以及社会工作应急管理理论实践的情况来看，培养一支具有专业应急管理知识和操作技能的社会工作应急队伍是十分必要和可行的。应急管理是科学社会工作的重要部分，尤其是在风险社会，应急管理更成为学者们不断深入探索研究的新领域。理论的科学性需要得到实践的检验，所以培养专业社会工作应急管理队伍不仅是社会发展的需要，也是社会工作专业服务的需要。

2. 建设科学社会工作应急预案

应急预案是世界各国在应急管理过程中普遍使用的政策工具，建立应急预案是有效地运行预防机制的首要步骤，目的在于规范社会工作对突发事件的应对工作，保证社会工作对各类社会危机事件的应急工作能协调、有序和高效运行，保障整个社会工作行业的稳定和发展。社会工作应急预案属于整体应急预案的一部分，要以整体应急预案为基础而建立，保证两者之间的有效衔接。除此之外，与各行业之间的应急预案也应该实现相互连接和协调配合。社会工作应急预案的建立应该明确内容和功能，通常应具有六要素：情景、客体、主体、目标、措施、方法。[①] 其中，在社会工作应急预案建设过程中对风险进行评估尤为重要，通过风险评估确定在应急活动区域内可能产生的危机类型、破坏程度和环境特点等，为后续应急

① 曹杰、朱莉编著《现代应急管理》，科学出版社，2011，第170页。

预案制定和应急活动开展提供参考依据。

3. 建立社会工作应急保障体系

为了保障应急管理过程的顺利进行，还应该建立社会工作应急保障体系，包括，实施社会工作应急管理的支持性法律法规，为保证社会工作参与应急管理提供合法身份；确定筹集应急资金的途径，为应急管理提供财政保障；储存和管理应急救援物资，为应急管理提供物资保障；建立应急信息传递渠道，为应急信息的传递提供保障；等等。在很多发达国家和地区，社会工作应急管理已经得到法律的认可，在整体应急管理中也有合法的参与途径。但是，在社会工作发展较为薄弱的国家和地区，社会工作还未被纳入国家应急管理体系，对社会工作的合法性介入造成阻碍，不利于社会工作应急管理工作的开展，所以建立健全社会工作应急管理的支持性法律法规十分必要。社会工作本身不具备创造和生产物质资源的功能，只是通过重新整合社会资源并通过再分配的形式为需要者筹集所需，所以建立社会工作应急保障体系是非常重要的和必要的。

4. 探索与利用社区的文化资源

社会工作者进入社区现场，无论是开展个案工作、小组工作还是社区工作，主要的任务就是针对已存在问题，探索和发掘可整合的资源，也就是对社区已形成的文化脉络进行整体把握，从而有利于工作者融入社区群体和链接资源。中国社会学家费孝通先生晚年提出了“文化自觉”这一概念。在费孝通先生看来，生活于一定的社会文化之中，应该用科学的态度去认识和解释。“文化自觉”就是生活在一定文化中的人对其文化有“自知之明”，明白它的来历、形成过程、所具有的特色和它发展的趋向。① 个体与个体之间、群体与群体之间可能存在文化差异，例如民族文化、宗教信仰、种族文化等特定文化或思想倾向差异。社会工作在应急管理过程中，可能直面不同的文化，所以在制定应急预防策略时应该对所处区域的文化环境进行深度把握，理解受助者在一定情境下所表现出的行为方式，只有这样，才能有效地向受助者提供帮助。

① 何雪松：《社会工作的“文化自觉”》，《社会建设》2014 年第 2 期，第 36 ~ 41 页。

5. 调动社区参与预防的积极性

社会工作的核心理念在于“助人自助”，是帮助受助者“自救自助、自主人生”的过程，此所谓“授人以鱼，一日享用；教人以渔，终身受用”之理。社会工作以资源链接者身份服务于社区，本身不具备资源提供功能，自身人力、物力、财力资源十分有限，因此，社会工作需要唤起社区应急管理意识，重新审视风险社会的不确定性，通过链接社区内外资源帮助服务对象发挥潜能，积极自主参与社会危机预防。当社会危机发生时，处于危机之中的个人或群体可能遭遇生命财产受到威胁的困境，然而如果他们能够在第一时间及时利用已有资源和救援知识摆脱困境，就会在很大程度上降低社会危机造成的危害程度。所以，社会工作应急预防策略应围绕提高社区自主预防和应对社会危机的目的而开展活动。在全球化背景下，由人类行为所引起的社会风险占据主导地位，各种风险对人类的生存和发展产生严重的威胁，并随着社会的不断发展向更高的阶段发展，风险因素也随之增加，所以调动社区自主参与风险管控、危机预防的积极性，培养自觉应对社会危机的意识，才能从根本上预防危机发生。

6. 掌握潜在风险发展动向

米特罗夫和皮尔逊针对社区应急管理，提出了五阶段的社区应急管理模型，即信号侦测、探测和预防、控制损害、恢复阶段、学习阶段。米特罗夫和皮尔逊根据危机产生、发展的周期采取不同的应急管理方法，重点在对危机形成期的管控和预防，从而降低管理成本和提高管理成效。风险经诱发因素触发引起社会危机，在危机酝酿期没有及时对风险质变进行干预，危机持续升级，最终产生的社会影响将不可估量。社区是风险积聚的场所，虽然有社区居委会，但是缺乏专业的应急管理队伍来对风险信号进行侦测、探测，以及对社会危机进行干预。社会工作可以弥补社区功能的不足，运用个案工作、小组工作和社区工作等工作方法捕捉风险信号，灵活化解社会风险。在进行风险信号侦测、探测的同时，也要求社会工作者提高对潜在风险的敏感性，及时掌握风险的发展动向。

目前，我国社会工作应急管理实践还处于起步阶段，灾害社会工作服务模式一般有援建模式和项目制两种类型，二者都具有短期性的特点。[①]社会工作局限于灾害救援，并为短期救援。然而从社会工作的应急功能上看，社会工作能够参与更多种类的社会应急管理，也不应局限于灾后重建。社会危机产生是一个由量变到质变的过程，现代应急管理也强调危机治理的关键和根本在于预防和风险管控，明确和构建社会工作应急预防策略将为后续应急管理活动开展奠定基础，保证应急工作的有序开展。

二　社会工作应急预防的特点

1. 前瞻性

现代西方发达国家的应急管理体系强调预防的前瞻性，如加拿大的应急管理就以预防为主，无时无刻不在对国民进行宣传和教育，强化社区居民的风险意识和应急防范措施，相关部门通过定期向社区居民发放宣传手册，通过新闻媒体进行应急专题报道，以及投放宣传广告等形式增强社区居民的应急意识。如今，社会危机不再限于自然灾害，更多的是人类活动造成的危机，甚至是不可估量的社会损失，因此，社会危机产生的不确定性要求现代应急管理具有前瞻性，对未知的危机事件做出预防准备。社会工作应急预防属于现代应急管理体系中不可分割的一部分，在保有独特性的同时，也有现代应急管理的特点，所以，前瞻性也是社会工作应急预防的特点之一。无论是编制应急预案、社会动员、应急宣传、风险监测等，还是整合社区内外部资源，都是基于对未知事件的判断和预测做出的前期准备。

2. 长期性

现代社会风险集聚，随时都可能引起社会危机，因此，社会工作应急预防是一项长期性的工作。社会危机的产生具有不确定性和不可预见性，随着人类实践活动的日益频繁，社会风险因素也随之增加，需要对风险因素进行实时跟踪和监测，这就说明预防工作具有长期性。我国传统应急管理倾向于事后救援，忽视了对社会群体危机意识的培养，导致社区居民危

① 周利敏：《大陆灾害社会工作实务反思与本土化启示——基于四川5·12大地震以来的实务经验》，《广州大学学报》（社会科学版）2014年第6期，第25～32页。

机意识和应急知识缺乏，社会工作应急预防中的一项重要任务是唤起大众意识、重新树立现代应急预防观念，而这并非一朝一夕就能够实现的，需要长期不断地向社区居民宣传和普及相关信息，从而使其从思想和行动上重视危机预防。因此，无论是危机变化规律，还是社会工作应急预防的工作内容，都决定了社会工作应急预防的长期性。

3. 主动性

社会工作应急预防的主动性主要体现在两个方面，一是应急方式采取的是主动预防。当今，社会突发事件频频发生，对现代应急管理提出了新要求。中国传统应急管理以应急处置为主，往往造成不可估量的严重后果。现代应急管理要求注重以预防为主、预防与应急相结合的原则，运用多种预防方式，常态手段和非常态手段相结合，实现从被动向主动转变。社会工作作为新的应急预防手段，能够进一步把控风险、监测危机发展态势，实现被动处置向主动防控转变。二是应急目标是实现社区自主参与。社会工作应急预防最主要的目的是调动社区自主参与预防的积极性，唤醒公众危机意识，从源头治理社会危机。社会危机的产生多源于人类的实践活动，而人类又是危机的最终受害者，作为责任主体和受害者双重身份，更应该自觉自主地参与突发事件的预防。

4. 完整性

社会工作应急管理是一整套系统工程，根据突发事件的发展过程，开展预防与预警、应急处置与救援、事后恢复与重建等活动，所以，社会工作需参与事件的发展始终，并在每个阶段转换。社会工作应急预防作为现代应急管理的重要部分和前期准备，同样伴随危机激化周期全过程，通过监测风险、收集信息、培养风险意识等方式预防矛盾激化而引起危机爆发，这是一个具备完整步骤的过程。针对突发事件的差异性，社会工作需采取不同的预防和治理方式，例如，应对群体性事件的重点在于探索矛盾源头，及时遏制事态愈演愈烈，而应对自然灾害则需要提前做好安全措施和宣传，以及救援物资准备。二者的解决途径和预防重点各不相同，但是社会工作应急预防在前期准备都将对各种可能出现的突发状况做出判断并采取相应的预防措施。因此，无论是贯穿于危机生命周期全过程的应急管理方式，还是应急预防覆盖的全面性，都体现出社会工作应急预防的完整性这一特征。

三　社区危机的分析

危机预防是应急管理的初始阶段，始于对区域危险的深入分析，这种分析主要是通过对风险和诱因进行管控，从而起到抑制危机事件发生的作用。进行危机分析的步骤包括，第一步识别风险因素，第二步预估诱发的可能性，第三步预测可能产生的后果和严重程度。

第一步，识别风险因素。每个社区的地理位置、人口构成、区域环境等情况存在差异性，社区所具有的风险因素也存在差异，比如，一个南方海边城市的社区可能面临台风影响，而北方城市社区则可能面临沙尘暴的袭击；又或者，一个社区人口主要由不同民族或种族的居民构成，可能由此产生民族或种族冲突，导致群体性事件发生；再如，社区与生产化学物质的工厂距离较近，社区饮用水被化工厂排放物污染，导致公共安全事件；等等。因此，社会工作者进入社区首先要对社区整体情况做出判断，准确掌控风险因素，对风险进行排序，明确主要矛盾和次要矛盾，为后续准备奠定应急预防基础。

第二步，预估诱发的可能性。社区往往不只存在某个风险因素，还可能同时存在多个风险因素。当某一风险积聚升级为危机时，也将可能诱发其他危机事件发生，比如，化工厂排污造成水质污染进而引发社区公共安全问题，并引起空气污染，随即发生自然灾害事件。因此，社会工作者在深入了解社区的风险构成后，应对风险诱发危机事件的可能性进行及时预估，基于已有数据才能为后续工作的开展提供判断依据。

第三步，预测可能产生的后果和严重程度。受突发事件的性质、破坏力和社区地理位置、人口构成、区域环境等多重因素的影响，危机对社区造成的后果和造成损失的严重程度不同。因此，需要社会工作者基于对风险因素的识别，以及诱发可能性的判断，对后果做出预测。比如，社区主要由孤寡老人或留守儿童构成，一旦遭遇地震、洪水、台风等自然灾害，或急性传染病，就会对社区产生巨大的破坏力，那么，这就对社会工作应急预防过程提出要求，更倾向于对社区的弱势群体提供服务。

进入社区，首要工作并非急于开展社区服务，而是对社区进行考察，明确社区隐藏的风险因素，决定管理一个或多个风险因素，社会工作者就需要制定社会工作应急预防策略，包括风险控制和应急准备。

风险控制。风险控制是指，针对危机产生的根源，减少突发事件发生的可能性，以及控制事件的影响范围和程度。风险来源于自然运动和人为活动，改变自然因素或人为因素，或二者同时改变，能够减少自然灾害、事故灾难、公共卫生事件和社会安全事件。根据2011年《国家减灾委员会关于加强城乡社区综合减灾工作的指导意见》的要求，社区要加强灾害监测和信息报告，建立健全社区灾害日常监测预警制度，社区工作人员和灾害信息员要及时报告灾害隐患和相关灾害信息。[①] 风险控制的一项重要工作就是对可能潜在的各种风险进行监测和评估。其中，风险评估要基于所收集和掌握的相关信息或数据，并分析突发危机事件的发生概率、可能产生的后果和严重程度等。社会工作者服务于社区，对社区发展动态能够及时掌握，因而能够监测社区的风险变化趋势，这种监测过程主要源于社会工作者开展的个案工作、小组工作和社区工作等。由于风险的不确定性，以及社会工作的本土化未能深刻发展，风险监测和评估滞后，突发事件易发生。因此，社会工作者必须促进各类社会组织参与风险控制过程，将各类社会组织引入社区，推动各种公益组织的在地化，推动社会组织、社区机构和社区内部各种市场组织进行有效连接，形成管理合力，参与到社区风险控制的过程中去（见图2－1）。

应急准备。应急准备是从风险识别到应急响应过程中必不可少的环节，旨在最大限度地保障社区居民生命和财产的安全，并有利于灾后恢复。应急准备应该包括：制定社会工作应急预案、确定信息传递程序和准备救灾物资。事前所有准备步骤不仅要应对迫在眉睫的突发事件，及时、有效地做出应急响应，还要对灾后的恢复工作提前部署。社会工作者在应急准备过程中应明确社区居民的切实需求，以及整合可参与应急管理的组织机构，有针对性地对社区居民的需求做出响应。根据社区居委会已制订

---

① 引自《国家减灾委员会关于加强城乡社区综合减灾工作的指导意见》（国减发〔2011〕3号）。

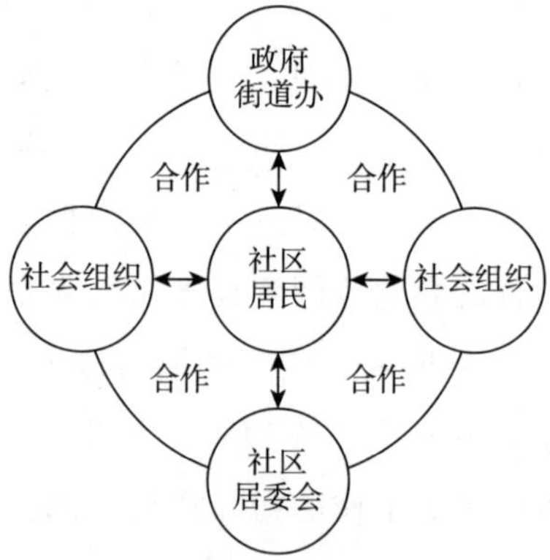

图 2－1　社区风险控制结构

应急计划进行合理规划，例如，疏散路线的设计、应急储备物资的存放、工作人员的配置等。在制定应急预案和应急计划后，还需要对计划进行不断地修改，并且，定期组织开展社会工作者的应急培训，增强社会工作者的危机意识，增加他们的应急实践经验和应急知识储备等。除此之外，对社区居民开展训练和演习也是十分必要的，有助于实现援助组织机构与居民的有效合作。因此，制订培训、训练和演习等工作计划是应急准备的必要程序。

当今社会飞速发展，人类活动纷繁复杂，风险因素增多，时刻可能引起突发事件发生。因此，为减少危机对社会的影响，保障社区居民的生命、财产安全，社会工作者只有深入探索和研究危机产生的原因及特征，才能准确识别风险因素，制定应对策略、管理程序和资源整合方案，从而达到预防和减少突发事件发生的目的。

第三章

社会工作应对危机的分类、分级与分期

社会工作应急管理的目的之一是提高社会工作者对危机发生前的预见能力、危机发生中的控制能力、危机发生后的救治能力以及恢复重建能力。我们从政府组织整合的角度出发，构建了一套信息流程的系统模型，旨在建立起科学的信息沟通机制，最终为成功应对危机打下良好的基础。

第一节　社会工作应对危机的分类

不同类型危机事件所发生的原因、所导致紧急状态的影响程度和范围、所产生的社会危害的程度都是不同的，从而采取的应对措施也应是不同的。危机可以从突发事件的诱因和性质两个角度来分类。

一　按危机的诱因划分

1. 外生型危机

外生型危机是指由外部因素造成的危机。外生型危机一般是指自然灾害，如地震。

2. 内生型危机

内生型危机是指由人为因素造成的一些公共危机事件，如投毒事件等。

3. 内外双生型危机

内外双生型危机主要是由各种因素（包括内部因素和外部因素）引起

的公共危机事件，如泥石流。

二　按危机的性质划分

按照危机的性质，可以将危机分为突发自然灾害、突发事故灾难、突发公共卫生事件、突发社会安全事件和突发经济危机。

（一）突发自然灾害

自然灾害是地球表面的孕灾环境、致灾因子和承灾体综合作用的产物，是在一定的自然环境下产生的，超出人类控制和承受能力的，危害人类生命、财产、社会秩序的自然事件。

自然灾害是人类依赖的自然界中所发生的异常现象，自然灾害对人类社会所造成的危害往往是巨大的。它们之中既有地震、火山爆发、泥石流、海啸、台风、洪水等突发性灾害，也有地面沉降、土地沙漠化、干旱、海岸线变化等在较长时间中才能逐渐显现的渐变性灾害，还有臭氧层变化、水体污染、水土流失、酸雨等人类活动导致的环境灾害。这些自然灾害和环境破坏之间又有着复杂的相互联系。人类要从科学的意义上认识这些灾害的发生、发展以及尽可能减少它们所造成的危害，这是国际社会所面临的共同主题。

我国是全世界自然灾害最为严重的国家之一，我国的自然灾害呈现如下特点。第一，灾害种类众多。我国的自然灾害几乎囊括了所有的自然灾害种类，而其中的大多数都频繁、反复发生，特别是洪水、干旱、台风等灾害的发生频率极高。第二，灾害分布地域极广。我国幅员辽阔，各区域自然条件差异巨大，会发生不同种类的自然灾害，有的灾害如地质灾害（因全国地形地貌复杂）、旱灾（因全国均受季风气候影响）几乎遍布全国。第三，破坏性地震等巨大灾害较多，破坏性后果较严重。第四，人类活动导致的自然灾害比例较高。我国人口众多，人口密度大，人均资源占有量较少，经济高速发展带来的人类过度活动严重破坏本已脆弱的生态平衡，许多自然灾害的发生，如地质灾害、沙尘暴、森林火灾等往往与人类活动密切相关。第五，因自然灾害引发的综合性突发事件增多。我国人口与经济的重心集中在自然条件较好的东南部，但在全球变暖的背景下，近年来东南部省份气候变化的趋势十分明显，大面积洪涝灾害、大范围干旱、极端寒冷天气等频繁出现。在人口密集地区所发生的自然灾害，又极易引发事故灾难、疫病等衍生事件，形成多类型、并发式、综合性灾害。

人类社会发展的每一步，都伴随着与自然灾害的斗争。我国的自然灾害管理可谓源远流长，历史上的“荒政”就是历代封建王朝施政、执政的重要部分，是古代政府最重要的职能之一。“荒政”的得失不但是国家考核官员的重要指标，也是衡量国家统治稳定程度的重要标准，有的时候甚至成为政权更迭的关键影响因素。因此，古代的灾害管理具有浓厚的政治色彩，其核心目的是安抚民心、巩固政权、维护统治。自然灾害管理在我国的突发事件应对体系中历史最为悠久，也是经验相对成熟，制度比较先进的一部分。早在新中国成立之初，中央政府就确立了统一的救灾领导体制，成立了以董必武为主任的中央救灾委员会。

地球上的自然变异，包括人类活动诱发的自然变异，经常在各地发生，当这种变异给人类社会带来危害时，即构成自然灾害。因为它给人类的生产和生活带来了不同程度的损害，包括损害以劳动为媒介的人与自然之间，以及与之相关的人与人之间的关系。灾害都是消极的或起破坏作用的。所以说，自然灾害是人与自然矛盾的一种表现形式，具有自然和社会两重属性，是人类过去、现在、将来所面临的最严峻的挑战之一。

2018 年第 22 号台风“山竹”（强台风级）于 9 月 16 日 17 时在广东海宴镇登陆，登陆时中心附近最大风力 14 级（45 米/秒）。尽管“山竹”临近和登陆广东珠海到吴川一带时强度减弱，但对我们造成的灾害也不能低估。关键时刻，广大社会工作者深入社区，做好全面防台风工作，并发挥了重要的作用。

2018 年 9 月 15 日，广州粤穗社会工作事务所站前街社工站全体社工坚守岗位，9：30 召开分工会议，根据街道领导的布局，兵分 6 组，下到社区开展防台工作，重点对低洼地段中居住在一楼的孤寡长者、独居长者、高龄长者进行摸底调查、通知提醒，以及对高楼住户有高空盆栽的安全隐患进行排查，等等。

（二）突发事故灾难

1. 突发事故灾难界定

突发事故灾难是在人们生产、生活过程中突然发生的，直接由人的生产、生活活动引发的，违反人们意志的、迫使活动暂时或永久停止，并且造成大量的人员伤亡、经济损失或环境污染的意外事件。

事故灾难是人们违反安全管理的规章制度，造成物质财产损失或人员伤亡的灾难，包括火灾、爆炸、中毒、车祸、倒塌、挤压伤亡、翻沉船、放射性事故等。它与生产力和生产方式的发展密切相关。

事故灾难的类型主要有安全事故、交通运输事故、公共设施和设备事故、环境污染和生态破坏事件等。

2. 常见突发事故灾难应对

（1）爆炸事故

爆炸事故是指由于人为、环境或管理等因素，物质发生急剧的物理、化学变化，瞬间释放出大量能量，并伴有强烈的冲击波、高温高压和地震效应等，造成财产损失、物体破坏或人身伤亡等的事故。爆炸事故分为物理爆炸事故、化学爆炸事故或物理化学爆炸事故。

爆炸事故的应急处理方法如下。

第一，立即卧倒，趴在地面不要动，或手抱头部迅速蹲下，或借助其他物品掩护，迅速就近找掩蔽体掩护。

第二，爆炸引起火灾，烟雾弥漫时，要做适当防护，尽量不要吸入烟尘，防止灼伤呼吸道；尽可能将身体压低，用手脚触地爬到安全处。

第三，立即打电话报警，如遇伤害，拨打救援电话求助或到就近医院接受救治。

第四，尽力帮助伤者，将伤者送到安全地方，或帮助止血，等待救援机构人员到场。

第五，撤离现场时应尽量保持镇静，别乱跑，防止再度引起恐慌，增加伤亡。

(2) 电气事故

A. 触电事故

触电事故是指人体接触带电物质，因电流造成损伤。主要症状是灼伤、强烈的肌肉痉挛等，会影响呼吸中枢及心脏，引起呼吸抑制或心搏骤停。严重者可致残，危及生命。

触电事故应急的处理方法如下。

第一，立即切断电源。若无法及时找到电源或断电有困难，可用干燥的木棍、竹棒等绝缘物挑开电线，使触电者迅速脱离电源。

第二，切勿直接触及触电者，切勿用潮湿的物件搬动触电者，切勿用潮湿的工具或金属物质拨电线。

第三，触电者脱离电源后，将其上衣和裤带放松，检查其有无呼吸，颈动脉有无搏动，并立即拨打120急救电话，拨打电力部门事故应急电话(95598，全国统一)。

B. 公共场所停电事故

公共场所停电事故是指在商场、酒店、医院、学校、车站、机场、码头、电影院等人员密集场所发生的突然停电事件。常引发恐慌、起哄、骚乱甚至踩踏，造成人员伤亡。

公共场所停电事故的应急处理如下。

第一，保持镇定，严禁大声喧哗、嬉闹。

第二，可用手机等随身物品取光。在学校、医院等场所，未经允许，不准私自点蜡烛，以免引起火灾。

第三，下楼梯一律靠右边行走，不要在疏散过程中停步弯腰，以免造成踩踏事故。

第四，听从现场工作人员的安排，不要乱跑乱挤，以免造成人员伤亡。

C. 电梯事故

电梯事故是指停电、自身故障、人为因素等造成意外停梯、紧急迫降等，给乘客带来极大不便，造成惊吓甚至伤害。

电梯事故的应急处理方法如下。

第一，乘电梯时做到“四不”。一不顶阻电梯门。当电梯门快关上时，不要强行冲进电梯，阻止电梯关门，切忌一只脚在内一只脚在外停留，以免造成不必要的伤害。二不随便按应急按钮。应急按钮是为了应付意外情况而设置的，电梯正常运行时，不要按应急按钮，以免带来不必要的麻烦。三不开门运行。乘坐电梯时，如果电梯门没有关上就运行，说明电梯有故障，在电梯外的乘客不要进入乘坐；已在电梯里的乘客不可在运行时跳出电梯，以免造成不必要的伤害，应停留在电梯内，按下述应急步骤实施救助。第一步，保持镇定，稳定情绪，不要自行向电梯外翻爬；第二步，找到电梯内的紧急报警装置，通过报警装置向外界求救；第三步，查看电梯内部是否提供求救电话，拨打该求救电话向外求救；第四步，向外发出求救信息后，在专业人员的指导下采取相关措施，不可擅自采取撬门、扒门等错误的自救行动，应该在电梯内静待专业人员开门救援，电梯运行至平层后，在专业人员的指导下快速离开电梯。四不在发生火灾时乘坐电梯。

第二，电梯速度不正常时，应两腿微微弯曲，上身向前倾斜，以应对可能受到的冲击。

第三，电梯突然停运时，不要轻易扒门爬出，防止电梯突然开动，造成伤害。

第四，被困电梯内时，应保持镇静，立即用电梯内警铃、对讲机或电话与有关人员联系，等待外部救援。如果报警无效，可大声呼叫或间歇性地拍打电梯门。

第五，如果电梯运行中发生火灾，应使电梯在就近楼层停靠，并迅速从楼梯逃生。

D. 燃气事故

燃气事故是指空气不流通的室内使用或随意拆改燃气设备、在燃气设备附近使用明火、因施工不慎挖断煤气管线、公共区域的地下燃气管道及地上附属燃气设施受损等引起的煤气泄漏、气体中毒、火灾和爆炸等事故。

燃气中毒的主要症状是头晕、恶心、呕吐、心慌、皮肤苍白、意识模糊，严重者会神志不清，牙关紧闭，全身抽搐，大小便失禁，口唇、皮肤、指甲出现樱桃红色，呼吸困难，昏迷，肢体瘫痪，癫痫发作等。

日常用肥皂水刷沾燃气的管道接口处、开关、软管、阀门，观察有无气泡产生，检查燃气是否泄漏，切不可用明火试漏。使用燃气器具时，如发现火焰呈黄色，说明燃烧异常，应立即开窗通风。

燃气事故的应急处理方法如下。

第一，发现燃气泄漏时，立即切断气源。切记“断气即断火”，应立即关闭炉前阀、表前煤气总阀门（使用液化气瓶的立即关闭角阀）。如果阀门处有火焰，可用湿毛巾、湿衣物包手再关闭阀门。

第二，迅速打开门窗通风换气。动作要轻缓，避免金属摩擦或人体静电产生火花，引起爆炸。

第三，液化气罐着火时，应迅速用浸湿的毛巾、被褥、衣物扑压，并立即关闭燃气阀门。

第四，千万不要开启或关闭任何电器设备，不要打开抽油烟机或排风扇排风，不要在充满燃气的房间内拨打电话或手机。

第五，不要在室内停留，防止窒息、中毒。及时离开泄漏源，在安全场所拨打 110 报警。

第六，发生在公共区域的煤气设施泄漏，附近居民或经过行人应避免吸烟、发动汽车机车引擎或开关各种用电设备，以免产生爆炸或燃烧。

（3）交通事故

A. 道路交通事故

道路交通事故是指车辆在道路上因过错或者意外造成的人身伤亡或者财产损失的事件。

道路交通事故的应急处理方法如下。

第一，立即报警，请求支援。

第二，关闭引擎，若撞车后起火燃烧，迅速撤离，防止油箱爆炸伤人。

第三，警察到来前，保护好现场；肇事车逃逸，要尽可能记下车牌号码、车身颜色及特征，为侦破工作提供线索。

第四，机动车在高速公路上发生故障或交通事故时，应在故障车来车方向 150 米外设置警告标志，车上人员应迅速转移至右侧路边或应急车道内，并迅速拨打救援电话。

B. 铁路交通事故

铁路交通事故是指火车因脱轨、颠覆、碰撞、起火、爆炸等造成人身伤亡或者财产损失的事件，包括铁路行车事故、路外伤亡事故、其他运营事故等。

铁路交通事故的应急处理方法如下。

第一，火车发生脱轨、颠覆、火灾、爆炸时，旅客应保持镇定，听从工作人员指挥，有序撤离或积极参与抢救伤员工作。

第二，察觉火车发生剧烈抖动、有可能脱轨或颠覆时，应立即就近抓住可稳定身体的物品，如茶几、座椅、卧铺铁栏杆、厕所扶手等，严禁在过道走动，尽量照顾好老人、小孩、病人、孕妇等，注意保护好头部等关键部位。

第三，车厢颠覆，可用车厢上的消防锤砸破车窗玻璃，爬出车厢逃生。

第四，发生火灾，如果火势可控制，离火灾最近的旅客应立即采取灭火措施；其他旅客切勿慌乱，用湿毛巾等捂住口鼻，在工作人员的组织下有序撤离。

第五，事故发生在电气化区域，破窗逃生时应注意躲避上方接触网，防止电击。发生在铁路桥梁，从车上跳下时要注意安全，防止摔伤。发生在双线区段，逃生旅客应从列车运行方向的左侧跳下，防止被邻线来车伤害。

第六，逃生旅客，迅速撤到安全地带，防止二次伤害。

C. 民用航空事故

民用航空事故是指与民用航空器运行相关的不安全事件。包括民用航空器飞行事故、民用航空地面事故、民用航空器飞行事故征候（严重、一般和飞行训练事故征候）和其他不安全事件。

民用航空事故的应急处理方法如下。

第一，遇空中减压，应立即戴上氧气面罩。

第二，飞机紧急着陆和迫降，应采取正确姿势：弯腰，双手紧抱双腿，头贴在双膝上，两脚平放用力蹬地，系紧安全带。

第三，飞机失事前兆：机身颠簸；飞机急剧下降；机舱内出现烟雾或尘土飞扬；机身外出现黑烟；发动机关闭，伴随的飞机轰鸣声消失；高空飞行时发出巨响等。

第四，舱内出现烟雾，应降低身体姿势，用湿毛巾等捂住口鼻，有序撤离。

第五，紧急疏散注意事项：竖直椅背；收回小桌板；打开遮阳板；摘下眼镜、项链、戒指、假牙；脱掉高跟鞋；拿出口袋里的尖锐物件，如钢笔等；听从指挥，避免混乱；如果使用滑梯，两臂交叉抱在胸前，肘缩向内，双腿并拢，跳离舱门口0.5～1.0米进入滑梯。

（4）火灾

A. 家庭失火

家庭失火是指在居室，因疏忽大意、人为原因等引起油锅着火、电器起火、液化气钢瓶失火等。

家庭失火的应急处理要点如下。

第一，菜油锅起火时，应迅速盖上锅盖灭火。切忌用水浇，防止燃着的油溅出来，引燃其他可燃物。

第二，电器起火时，先切断电源，再用湿棉被或湿衣服将火压灭。电视机起火，灭火时要从侧面靠近电视机，以防显像管爆炸伤人。

第三，液化气罐着火，除用浸湿的被褥、衣服等捂压外，还可将干粉或苏打粉用力撒向火焰根部，火熄灭同时关闭阀门。

第四，人身上着火，大多是衣服、鞋帽先烧着，应立即将其脱掉，脚踩或浸入水中；如果来不及脱，可就地打滚，将火压灭。

第五，油类等易燃液体起火，不能用水去扑救，可用沙土或浸湿的棉被迅速覆盖。千万不要用灭火器直接向着火人身上喷射，因为灭火器的药剂会引起烧伤者的创口感染，加重伤情。

第六，家庭应准备火灾逃生“四件宝”：家用灭火器、应急逃生绳、简易防烟面具、手电筒，并将它们放在随手可取用的位置。

B. 高楼失火

高楼失火是指在高层建筑物内发生的火灾，因高层建筑烟囱作用明显，易形成大面积燃烧。易出现人员拥挤阻塞通道，造成踩踏事件。

高楼失火的应急处理方法如下。

第一，及时扑救。发现初起火灾，应及时利用楼层内消防器材扑灭。

第二，准确判断。察觉楼内发生火灾，可应先触摸门板试探，如果温度过高，则不能通过楼道逃生；如果门板不烫，则可轻开缝隙，有火焰或烟气窜进门缝，须立即关紧门，跑到窗口或阳台，另寻逃生办法。

第三，随手关门。离开房间后，随手关门，使火焰、浓烟控制在一定的空间内。

第四，向下撤离。火势向上蔓延，用湿棉被等物作掩护快速向楼下有序撤离。

第五，注意防烟。用湿毛巾等物掩住口鼻，放低身体姿势，浅呼吸前进。带婴儿逃生时，可用湿布轻轻蒙在婴儿脸上。

第六，理性逃生。利用建筑物阳台、避难层、室内设置的救生袋、应急逃生绳等逃生，也可将撕开的被单、台布等结成牢固的绳索，牢系在窗栏上，顺绳滑至安全楼层。

第七，等待救援。当通道被火封住，欲逃无路时，关紧迎火门窗，用湿毛巾、湿布堵塞门缝，或用水淋透房门，防止烟火侵入。迅速跑到临街的窗户或阳台，发出求救信号，如白天挥动鲜艳的物品、向楼下抛物、击打东西发出声响等，夜间可用发光的手电、应急灯等。

第八，靠墙躲避。消防人员进入室内救援时，一般沿墙壁摸索行进。

第九，禁乘电梯。供电系统随时会断电；电梯直通各楼层，烟气涌入极易形成“烟囱效应”，人可能会被浓烟毒气熏呛窒息。

第十，视情跳楼。只有在消防队员准备好救生气垫或楼层不高，跳楼不会致命情况下，才会考虑跳楼。

C. 人员密集场所失火

人员密集场所失火是指在超市、酒店、影剧院、体育馆、大型娱乐场所等人员密集地发生的火灾。常因人员慌乱、拥挤而阻塞要道，发生踩踏惨剧，造成人员伤亡。

人员密集场所失火的应急处理方法如下。

第一，发现初起火灾，应及时利用楼层内消防器材扑灭。

第二，保持头脑清醒，听从工作人员指引，从疏散通道逃生。

第三，火势蔓延时，应用衣服遮掩口鼻，放低身体姿势，浅呼吸，快速、有序地向安全出口撤离。勿大声呼喊，防止有毒烟雾进入呼吸道。

第四，逃生无路时，应靠近窗户或阳台，关紧迎火门窗，向外呼救。

D. 汽车失火

汽车失火是指因汽车故障、碰撞、装载货物起火或人为原因等引起的火灾。不仅威胁乘客和驾驶员安全、损坏车辆，而且影响交通秩序。

汽车失火的应急处理方法如下。

第一，汽车发动机起火，迅速停车，切断电源，用随车灭火器对准火的根部灭火。

第二，车厢货物起火，立即驶离重点区域和人员密集区域，迅速报警，并用随车灭火器扑救。

第三，汽车加油时起火，立即停止加油，迅速开出加油站，用灭火器及衣服等将油箱上的火焰扑灭，地面如有流洒的燃料，立即用灭火器或沙土灭火。

第四，汽车被撞后起火，先救人，后灭火。

第五，公共汽车在运营中起火，立即打开所有车门，让乘客有序撤离，并用随车灭火器灭火。如果情况紧急，可打碎玻璃，从车窗逃生。

（三）突发公共卫生事件

突发公共卫生事件是指突然发生，造成或者可能造成社会公众健康严重损害的重大传染病疫情、群体性不明原因疾病、重大食物和职业中毒以及其他严重影响公众健康的事件。

突发公共卫生事件发生后，国务院卫生行政主管部门和其他有关部门，在各自的职责范围内做好突发公共卫生事件应急处理的有关工作。

突发公共卫生事件发生后，相关省、自治区、直辖市人民政府相应成立地方突发公共卫生事件应急处理领导小组或指挥部，相关省、自治区、直辖市人民政府主要领导人担任总指挥，负责领导、指挥本行政区域内突发公共卫生事件应急处理工作。县级以上地方人民政府卫生行政主管部门，具体负责组织突发公共卫生事件的调查、控制和医疗救治工作。县级以上地方人民政府有关部门，在各自的职责范围内做好突发公共卫生事件应急处理的有关工作。

突发公共卫生事件应急工作，应当遵循预防为主、常备不懈的方针，贯彻统一领导、分级负责、反应及时、措施果断、依靠科学、加强合作的原则。

突发公共卫生事件应急预案应当包括以下主要内容。

①突发公共卫生事件应急处理领导小组或指挥部的组成和相关部门的职责；

②突发公共卫生事件的监测与预警；

③突发公共卫生事件信息的收集、分析、报告、通报制度；

④突发公共卫生事件应急处理技术和监测机构及其任务；

⑤突发公共卫生事件的分级和应急处理工作方案；

⑥突发公共卫生事件预防、现场控制，应急设施、设备、救治药品和医疗器械以及其他物资和技术的储备与调度；

⑦突发公共卫生事件应急处理专业队伍的建设和培训。

在突发公共卫生事件应急处理工作中，有关单位和个人未依照国家的相关规定履行报告职责，隐瞒、缓报或者谎报，阻碍突发公共卫生事件应急处理工作人员执行职务，拒绝国家卫生行政主管部门或者其他有关部门指定的专业技术机构进入突发公共卫生事件现场，或者不配合调查、采样、技术分析和检验的，对有关责任人员依法给予行政处分或者纪律处分。触犯《中华人民共和国治安管理处罚条例》，构成违反治安管理行为的，由公安机关依法予以处罚；构成犯罪的，依法追究刑事责任。在突发公共卫生事件发生期间，散布谣言、哄抬物价、欺骗消费者，扰乱社会秩序、市场秩序的，由公安机关或者工商行政管理部门依法给予行政处罚；构成犯罪的，依法追究刑事责任。

（四）突发社会安全事件

1. 突发社会安全事件的定义

突发社会安全事件是指会对政府管理和社会秩序造成影响甚至使社会在一定范围内陷入一定强度对峙状态的群体性事件。

2. 突发社会安全事件的种类

突发社会安全事件种类主要有重大刑事案件、重特大火灾事件、金融安全事件、规模较大的群体性事件、民族宗教突发群体事件、学校安全事件以及其他社会影响巨大的突发性社会安全事件。

突发社会安全事件一旦发生就可能会造成重大人员伤亡、重大财产损失和对部分地区的经济社会稳定、政治安定构成重大威胁，并有重大社会影响。

3. 处理突发社会安全事件的基本原则

（1）对突发社会安全事件的有效预防

对突发社会安全事件的预防重在加大政策调整力度，促进社会化保障体系和法律制度的建立与完善，做好就业、劳动及福利保障、救济扶困等，从而减轻困难群体的负担和保障其权益；建立社会预警机制，提高快速反应能力；同时，畅通公共参与渠道，拓展公众参与途径，完善科学民主决策机制；不断提高全民的危机意识，提高有关部门和人员科学决策和及时控制、有效处理社会矛盾的能力。

（2）对突发社会安全事件的及时应对

一旦发生突发社会安全事件，就应积极处置，并坚持以人为本、及早化解、依法处埋、慎用警力、当地领导负责等基本原则。

4. 处理突发社会安全事件的主要方法

（1）迅速控制事态

争取由大变小，由小化了，由热变冷，由强变弱，防止其蔓延扩大。

（2）提出整体处理方案和对策

通过了解事态起因，参与人群情况，有针对性地做出应对策略。

（3）统一行动，精心组织部署

明确责任分工，各方联合行动，全面解决问题。

（4）直接对话

政府及有关领导向民众做出解释，消除民众的误解和对立情绪。

（5）主导舆论

利用主要媒体做好正面宣传报道，减少和消除不实谣言和传闻的负面影响。

（6）组织纪律约束

利用归属组织做好教育工作，进行纪律约束，最大限度地减少参与事件的人数和越轨言行。

(7) 法律保障

利用执法机关依法处置，保护公民合法权益，打击违法犯罪行为。

(8) 修复重建

突发社会安全事件发生后要对突发社会安全事件进行评估，总结经验教训，改进管理和工作方法，采取有效措施做好突发社会安全事件发生后的恢复重建工作，在机制、管理等方面进行改进，并继续利用各种渠道对突发社会安全事件参与人员进行教育疏导和开展善后工作，从根本上防止事件再次发生。

（五）突发经济危机

1. 经济危机的内涵

经济危机（Economic Crisis）指的是一个或多个国家的经济，或整个世界经济在一段比较长的时间内不断收缩（负的经济增长率），是资本主义经济发展过程中周期爆发的生产过剩的危机，这种生产过剩不是绝对过剩而是相对过剩。自 1825 年英国第一次爆发普遍的经济危机以来，资本主义经济从未摆脱过经济危机的冲击。

经济危机主要是指资源、能源和生活必需品严重短缺，金融信用危机和其他严重经济失常、经济动荡等涉及经济安全的危机。

2. 经济危机产生的主要原因

随着社会分工的广泛发展，每个商品生产的企业都成为社会化大生产这个复杂体系中的一个环节。它在客观上是服务于整个社会，满足社会需要、应受社会调节的。由于生产资料私有，生产从属于企业的利益，生产成果都被企业占有。而企业生产的扩大或缩小，不是取决于生产和社会需要，即社会发展了的人的需要，而是取决于利润以及这个利润和所使用的资本之比，即一定水平的利润率。因此，当生产的扩大程度在另一个前提下还远远不足的时候，对生产的限制已经出现了。生产不是在需要满足要求停顿时停顿，而是在利润实现要求停顿时停顿。[①] 社会再生产过程中比例关系的失调，特别是生产与需求之间的比例关系的失调，表现在各生产

---

① N. 格里高利·曼昆：《经济学原理》，梁小民译，北京大学出版社，1999，第 288 页。

部门比例的不协调，是生产活动中的经常现象，而按比例的发展，则是生产活动中的个别情况。严重比例失调是引起经济危机的重要原因之一。经济危机的另一个重要原因，就是产能增长与有效需求不足，即总供给与总需求或生产与消费的不协调。在高额利润的驱使下，所有企业都拼命发展生产，结果是有效需求落后于整个社会生产的增长，商品卖不出去，造成生产的相对过剩。

3. 经济危机类型

经济危机是指经济系统没有产生足够的消费价值。也就是，经济危机是生产能力过剩的危机。有的学者把经济危机分为被动型经济危机与主动型经济危机两种类型。

所谓被动型经济危机是指，在该国宏观经济管理当局没有准备的情况下，经济出现严重衰退或大幅度的货币贬值，从而引发金融危机进而演化为经济危机的情况。如果危机的性质属于这种被动型的，则很难认为这种货币价值在危机之后还会回升，危机过程实际上是对该国货币价值重新寻求和确认的过程。

主动型经济危机是指宏观经济管理当局为了达到某种目的而采取的政策行为的结果。危机的产生完全在管理当局的预料之中，危机或经济衰退可以视为改革的机会成本。

第二节　社会工作应对危机的分级与阶段

将危机事件分为不同的级别和阶段，从而采取不同的应急措施，这是各国社会应急管理的共同经验。

一　公共危机分级

美国在“9·11”事件后，建立了一套5级国家威胁预警系统，用绿、蓝、黄、橙、红5种颜色代表从低到高的5种危险程度。橙色这一警戒级别要求美国联邦和州政府以及企业都增加一系列相应的安全措施。而红色则代表“严重危险”。

根据《国家突发公共事件总体应急预案》，突发社会公共事件按其性质、可控性程度、严重程度和影响范围等因素，一般分为四级：一般、较大、重大、特别重大。对应的，应急响应级别也分为四级：Ⅳ级、Ⅲ级、Ⅱ级、Ⅰ级。

二　社会工作应对危机的阶段

尽管危机是在短时间内爆发的，但是危机的演变有一个过程。一般来说，危机在发展的过程中，经过如下四个阶段。

1. 危机预警期："星星之火"

在这个阶段，各种不利的信息源正在形成，犹如星星之火，有各种征兆和苗头，一旦发现会很容易被扑灭，但遗憾的是，这些征兆和苗头往往很容易被疏忽。

2. 危机爆发期："大火猛烈"

危机事件进入紧急阶段，在这个阶段，危机信息开始传播，危机已经暴露，但是只要人员及时应对，果断采取正确的措施，还是可以及时控制危机发生的。

3. 危机缓解期："火势蔓延"

危机事件进入相持阶段，此时"火势"顺风以燎原之势蔓延。由于媒体和公众的关注，危机成为社会舆论关注的热点和焦点。如果此时沟通有误，公众和媒体将会出现信息真空，谣言四起，危机爆炸式扩散，呈现失控状态。

4. 危机善后期："大火熄灭"

利用各种手段使危机事件得到有效遏制，此时信息得到最大限度的披露，组织或个人逐渐走出了公众及媒体的视线。

由于危机的发展有四个阶段，所以我们遭遇危机时并不是没有转圜余地，只要根据危机每个阶段的特点采取相应措施，再大的危机也能处理。

第三节　社会工作应急管理的周期安排

社区危机是一种客观存在的社会现象，是会对社会共同利益和安全产生严重威胁的一种危险境况和紧张状态。我们分析社区危机产生的必然性及深层原因，探讨面对社区危机应采取的对策，具有重要的意义。

我国目前的应急管理基本沿袭着以政府为唯一管理主体的传统管理体制。因此，完善多元主体分工协作、责任共担、多元共治的应急管理体制，已经成为我国应急管理体制发展的必然趋势，多元化是应急管理主体的应然与必然选择。

危机虽然各有不同类别和特征，但更具有共同的周期性规律，即一般包括危机预警期、危机爆发期、危机缓解期和危机善后期，因此有必要加强危机的周期管理。

首先，应提高危机的承受能力；其次，应加强危机预警期的防范管理；再次，应做好危机爆发期的有效管理；最后，做好危机善后期的管理。

一　预警及准备

预警及准备是整个应急管理过程的第一个阶段，目的是有效地预防和避免危机的发生。

危机发生前，必须利用现有的分析技术对观察到的情况和数据进行最恰当的分析，并以最快的速度传递相关信息，只有这样，才可以在危机发生前，做好应对准备，最大限度地减少危害。2004 年 12 月 26 日，海啸袭击了印度洋沿岸，这场灾难凸显了风险管理的困难程度，特别是在信息获取与传递方面，面临重重困难。联合国教科文组织政府间海洋学委员会（IOC）很早以前就强调指出，必须建立印度洋海啸早期预警系统。但印度洋很少发生海啸（为太平洋发生海啸的 85%），印度洋地区大部分国家财力不足，彼此联结不紧密，动员国际援助困难重重，这一切都阻碍了海啸预警系统的建立。有的国家和人民面对 2004 年的海啸毫无准备，造成众多人员死亡和流离失所，给社会发展以沉重打击，这也促使人们谋求全球解决良策。2005 年 1 月 19 日，联合国在日本神户宣布要建立一个全球预警系统来早期预警各式各样的自然灾害，不管是干旱、森林火灾、水灾、台风、飓风，还是地震、滑坡、洪水、火山爆发、海啸都能通过这个系统进行预警。该系统能迅速传递信息，使社区居民做好准备。由此可见，建立危机预警系统具有以下四个方面的作用：防范和避免危机的发生；建立应对策略；建立组织系统；开展社会演习。

二 识别危机

英国社区应急管理专家迈克尔·里杰斯特认为，识别是解决危机的最好方法。通过危机的识别，我们可以发现和找寻产生危机的各种诱因，并采取相应的措施最大限度地将这些危机诱因彻底或部分清除，从而消除危机，或者至少可以降低危机的危害程度。

1. 搜集信息

信息是影响应急管理成效的关键。社会工作者的核心任务是，及时地收集“征兆”和“迹象”信息以识别危机、科学地分析危机以制定应对之策、适时地发布信息以组织动员力量消除危机。应急管理者所承担的使命、所处的地位使其应该并能够成为危机信息的聚散地，从而成为权威的信息源。

危机传播需要信息流的合力。简单地说，信息流是指两个或更多的发送者与接收者（人或机器）之间的信息交换。理论上讲，发送者与接收者之间的信息交流可以是无障碍、无噪声的。只有当信息发送者发出了正确的信息、信息被正确地传播、信息被接收者正确地理解、接受者采取正确的行动，才能说信息传播的全过程是无障碍、无噪声的。实际上，在危机状态下信息流各个环节都可能产生噪声，比如在观念、认知能力、行为能力等方面都可能产生噪声。公共危机信息传播过程涉及社会系统的各个方面，主要包括四个：作为应急管理者和危机应对决策者的政府、作为危机信息识别者和危机应对方法建议者的专业人士、作为主要传播渠道的大众媒体、作为信息接收者的公众。

政府在危机传播信息流中主要扮演的角色包括：危机信息采集者、评估者；危机应对策略制定者；危机应对信息发布者；危机应对行动的组织者和动员者。公众在危机状态下有群体化的特征，而这些群体的主要特征是轻信与盲从，同时，群体的推理能力降低、道德约束力降低，这些特征是公众在危机中产生非理性行为的重要原因。公众在危机状态下的非理性行为突出表现为个体性的“不信”与“排斥”，以及群体性的“轻信”与“盲从”。这些非理性行为可能造成次生危机，不利于消除危机。影响公众危机应对非理性行为的因素既有危机识别信息和应对信息的缺乏导致的恐慌与无所适从、危机救援尤其是物质支持的不及时或者不充分等外在因素，也有公众自身的风险意识、责任意识、全局意识不足等内在因素。

因此，减少甚至避免公众非理性行为的基本方法是培养公众的危机意识、公民意识以提高其社会责任感和危机应对能力，同时在危机的不同阶段向公众提供安全知识、较高确定度的危机信息、心理修复信息等公众所需要的信息。

2. 多维度识别

面对危机，社会工作者要具备危机的识别能力，需要对搜集的信息进行多方面、多维度整理与分析，从中发现可能对社会产生危害的情况，力争将危机控制在较小的范围内，从而采取一系列防护措施。

三　危机隔离

危机事件演变迅速，无论是其产生的原因、发展的结果，还是影响事件变化的各种因素，都具有高度的不确定性，这使得社会应急管理者往往面对各种信息不完全、不准确或是不及时的情况。

当危机已经发生并进入紧张阶段时，为了控制和避免事态逐步升级，管理者需启动“防火墙”，保证管理有序运作。

第一，构筑“防火墙”。以新冠肺炎疫情防控为例，我们看到疫情就是命令，党旗就是集结号。一个党员就是一面旗帜，一个支部就是一座堡垒。为全方位做好疫情防控各项工作，全力保障疫情防控安全有序，广大党员积极响应号召，发挥党员模范作用，与全国人民一道齐心协力、共克时艰，努力构筑疫情防控的“防火墙”。许多党员主动请缨到疫情防控第一线，深入社区负责疫情防控工作，他们的身影遍及社区，就像一道道“铁闸门”、一个个“过滤器”，为社区居民牢牢扎紧一道防护“平安网”。

第二，确立取舍原则。危机发生后，事态不确定，局势不清晰，有的应急管理者在做决策时往往瞻前顾后、游离不定。应急管理者在决策时必须以全局利益为先，局部利益服从全局利益。有时候危机处理需要牺牲局部利益，这样做会造成一定的损失，但得到了社会的信赖。

第三，做好内外部沟通。沟通是应急管理的重要组成部分，危机中的信息沟通是在发生危机时联系外界和内部的神经系统。有效的沟通可以降低危机对受害主体的冲击，甚至可以化危机为转机。在信息时代，应急管理的过程需要管理主体之间及系统内部与外部的沟通协调和信息传播，使应急管理与危机沟通互为一体，以动员协调各方、聚合资源、共同应对危机并避免不必要的谣言、误解和猜忌。

四　应急管理

从世界范围来讲，应对危机的能力已成为衡量社会工作者水平的一项重要指标。当前，我国应急管理中存在着意识差，战略及政策规划、组织保障、信息沟通技能缺乏，财政资源支持不足，教育与训练机制不健全，法治和法制缺失等一系列问题。政府应就上述问题做出合理规划，加快我国公共应急管理机制的建立与完善。

所谓应急管理，就是要最大限度地减少危机对组织、企业的潜在伤害，控制危机局面，尽最大可能保护自己的声誉，其方式是危机预防、危机处理两种，前者是危机发生前的未雨绸缪，后者即危机发生后的处理应对。所谓“有备无患”，只有有了充足的心理准备和措施准备，才能在面对危机时临危不乱。危机永远是危险与机遇并存。好的应急管理，就是将危机转化为机遇。

这个启示来自一头驴子的故事。

> 一个农夫与他心爱的驴子赶路，驴子在前面走，农夫在后面跟。突然，驴子一头栽入一个深坑里。由于坑太深，农夫无法救驴子出来，但又不忍驴子就这样死掉，遂决定直接将其掩埋坑中。农夫用铲子往坑里扔土，但是他每扔一下，驴子就很快抖掉身上的土，再用抖掉的土垫高一点。如此反复，农夫逐渐向坑里扔土，驴子逐渐垫高。结果是，驴子踩着垫高的土层走出了深坑。

这个故事至少有两个应急管理的启示，其一，并不是所有掉进深坑的驴子一定会死掉（启示：并不是每场危机都意味着社会要遭殃）；其二，并不是往坑里填的土，都一定是用来掩埋驴子之用（启示：并不是每一场危机都只是冲击社会生产）。因此，并不是每场危机，都意味着“浩劫”。

事实上，并没有绝对糟糕的危机，只有绝对糟糕的应急管理。

洛克希德－马丁公司前任 CEO 奥古斯丁曾经说过，每一次危机的本身既包含着导致失败的根源，也孕育着成功的种子。发现、培育以便收获这个潜在的成功机会就是应急管理的精髓。

在管理学上，“应急管理”划分为危机的避免、危机的准备、危机的确认、危机的控制、危机的解决、从危机中获利六个阶段。因此，应急管理从根本目标上说，是要“把危机转化为获取成功的机会”，能够做到这一点的前提就是建立整套的应急管理方法和系统。

但现实是，大多数组织或企业的做法往往是亡羊补牢。著名的雀巢公司在历史上，就曾经出现过典型的案例。

五　善后处理

管理阶段的结束，并不意味着应急管理过程已经结束，只是应急管理进入了一个新的阶段——危机善后处理。

应急管理在运作程序上，容易出现轻危机预警和善后，重危机爆发后的现场处理的现象。因此，在公共危机消除后，如果各级政府能够注重危机后的影响消除以及善后处理，认真分析危机事件产生的原因、条件，及时总结经验，吸取教训，将能最大限度地避免危机循环出现。

第四节　社会工作应急管理网络建构

危机事件直接威胁到公众生命和财产的安全，是人类面临的灾难。从社会工作角度而言，构建以政府为主导、社会组织和公众为主体、社会工作专业服务为主要组成部分的全方位的应对网络，可以有效地预防社区危机、减少危机带来的损失、消除危机。

第一，制订完善的应对计划。

完备的应急管理应对计划对于有效减少危机带来的损失具有极其重要的意义。世界各国都十分重视应急管理中的预防计划，一旦发生紧急状况，政府和组织就可以依照预防计划采取切实可行的措施。

发达国家的应急管理体系是构筑在社区治理的基础上，通过法制化手段，将完备的危机预防计划、高效的核心协调机构和全面的社区应急管理网络整合在一起。

一是重视管理系统建设。系统控制论强调系统中枢机构的核心控制功能。应急管理系统中的核心控制功能应由作为国家最高行政指挥的管理中枢决策指挥机构发挥。因为，危机的爆发很有可能破坏日常行政运行系统，使其处于瘫痪或者半瘫痪的状态。这无疑需要依靠政府应急管理中枢决策指挥机构在最短的时间内适应外部环境并做出快速反应和准确判断，统一指挥，弹性地应付急剧变化的危机环境。同时，要发挥统合协调内部的组织效能，避免由于管理系统失灵造成冲突，并整合、调配各种社会资源以解决危机。

二是提高信息传递速度。无论是在平时还是在危机时期，信息都是应急管理的基础，共享信息资源是发挥应急管理系统功能的前提条件。保持畅通无误的信息渠道对于应急管理的意义重大，特别是在危机紧急阶段，快速、准确和全面的信息是制定切实有效的危机对策的基本依据。在危机处理过程中，抢时间、抓速度实际上首先指向的是以最便捷的方式迅速而充分地占有信息资源。

第二，全面的应对网络。

高效的应急管理必须依赖于一个完善的社会应对网络，整体上形成一个纵横协调的管理系统。

应对网络包括：动员国内外社会力量参与应急管理；各级政府、企业和组织之间在应急管理中相互协调；加强应急管理中的国际合作与信息交流以及经验借鉴。

第三，成熟的应急能力。

应急管理实质上是对一个国家和组织应急能力的综合衡量，因此，提升全社会的应急管理能力，是应急管理的关键。第一，增强全民应急管理意识；第二，加强全民应急管理训练；第三，加强对应急管理的研究。

第五节　应急管理体系建设

面对各种突发事件做出及时有效地应对已成为应急管理的重要内容。要做到这一点，关键在于建立合理完善的应急管理体系。我国应急管理体系的建设应从危机发生前的预防机制、危机发生中的应对机制和危机发生后的恢复重建机制等方面着手进行。

一　建构“事前—事中—事后”的综合应对体系

应急管理可以分成三个部分：危机发生前，主要是政府对危机的减缓能力和预见能力；危机发生时，政府的反应能力与治理能力；危机发生后，政府的恢复能力。

1. 危机发生前的应对

应急管理的关键不在于危机发生后的治理，而在于减少与预防危机的发生。政府设立监督与预警机制，预见危机发生的可能性，然后采取措施降低风险发生率，从而较好地减少危机的发生及降低其冲击力。而提高政府预见能力的前提条件是获取充分的信息。政府虽然有收集信息的专门通道，然而由于一些主观或客观的原因，信息的获取可能存在不充分等问题，而新闻媒体可以弥补相应的不足，可以及时反映可能危害社会的征兆，为决策层提供预警。同时，根据实际情况，社会工作者可提出对某种危险倾向存在的合理推测，向社会和决策层发出预警信息。

改革开放以来，虽然我国政府职能开始转变，但由于计划经济体制的影响和行政改革进程的困难，许多社会公共事务的管理仍以政府为唯一主体，社会力量的参与明显欠缺，尤其是非政府组织，作为社会力量的一个重要组成部分，参与更显不足。

2. 危机发生时的应对

当危机不可避免地发生时，政府要主动寻求与作为信息传播载体的媒体合作，通过媒体这一中介进行及时、有效的信息传导，使危机信息传播更加合理，避免诱发潜在危机，同时避免过度强调应急管理中的不确定性和不可回避性。

（1）争取舆论主动权，及时通过媒体向公众发布最新消息。

危机一旦发生，政府就必须及时冷静地应对各种突发性与不确定性状况，快速地采取措施控制或抑制各种不利因素的发展和扩散，掌握主动权，力求短时间内，以最小的代价扭转不利局势，促使事件向好的方向发展。

（2）通过媒体发布权威性信息，提高信息的可信度，稳定公众心理。

政府要本着诚信透明的原则，发布真实的信息，以避免公众由于不了解真实信息而相信小道消息，从而对事件进行臆断与主观猜测，进而夸大事实，降低对政府的信任度，使政府处于被动的不利地位。

（3）通过媒体听取公众的意见，调整治理措施。

在危机发生后，政府通过媒体向公众发布信息，不仅可以得到公众的理解和支持，而且通过公众的讨论，可以集思广益，寻求较好的解决方法，也容易为公众所接受。

3. 危机发生后的管理

危机发生后，单件的危机事件得到处理，并非实际意义上的结束，因为还有一个恢复力的问题。在危机处理后，政府需要重新恢复社会稳定和社会秩序，公众需要恢复生产生活。这就需要媒体对危机处理的后续工作进行持续不间断的报道。

国外高度重视对应急管理的研究，应急管理专家罗伯特·希斯提出了著名的4R模式。他认为管理公共性危机由缩减力（Reduction）、预备力（Readiness）、反应力（Response）、恢复力（Recovery）四个环节构成，取其英语的第一个字母，称为4R模式。

（1）缩减力就是减少危机的冲击力和影响力，在这个环节，主要强调风险评估，注意破坏性因素的整合，力图排除危机。

（2）预备力就是做好处理危机情况的准备，具体工作包括建立预警机制和培训计划，如开展救生圈操作演习、潜水与急救训练。

（3）反应力就是尽力应对已发生的危机，涉及的工作主要有分析影响（包括对潜在影响的分析和对机会性影响的分析）、制订处理计划、开展技能培训（通过必要培训提高相关工作人员的沟通技能、媒体协调技能、与具有进攻性的人打交道的技能）和审计，其中制订处理计划包括制订撤离计划、反应管理计划、抚平心理创伤与减轻压力计划三个方面。

（4）恢复力就是组织重建，具体工作包括重建家园、心理恢复等。

4R 模式对于我国开展公共性应急管理具有借鉴意义。在具体工作中，应对公共性危机，需要注意以下措施的组合运用。

第一，建立应急指挥中心，尽快调集相关专业人士和各种社会力量，及时、有效地开展营救、抢救工作，并启动专题科研工作。

第二，相关领导人立即亲临现场（注意形象和语言设计），安抚受害者和相关工作人员，缓和紧张气氛，激励工作人员的士气。

第三，建立应急团队，主动与相关部门沟通，争取社会各界投入营救工作，确保信息畅通、设备到位、人员不缺，快速化解危机。

第四，及时建立政府专题发言人制度，确保提供真实的声音、明确的观点。在发言中，牢记“三 T 法则”，即“Tell your own tale”（以我为主提供情况）、“Tell it fast”（尽快提供情况）、“Tell it all”（提供全部情况）。

第五，及时了解公众损失，制定政策性补偿方案。如果出现公职人员伤亡，应给予名誉追认，并制定相对从优的抚恤方案。

第六，推行事故问责制和引咎辞职制，及时追究相关人员行政、经济甚至法律责任。

第七，举一反三，改革现行管理制度和机制，从根本上研究解决问题的方案，杜绝类似危机发生。

二　建立和健全应急管理机制

1. 设置应急管理机构

从全球看，中央政府应急管理机制比较成熟的有三种模式。①美国模式。其总特征为“行政首长领导，中央协调，地方负责”。②俄罗斯模式。其总特征为“国家首脑为核心，联席会议为平台，相应部门为主力”。③日本模式。其总特征为“行政首脑指挥，综合机构协调联络，中央会议制定对策，地方政府具体实施”。

我国也亟待建立这样的组织。地方政府要通过完善主要领导负责制和政府责任追究制，建立健全应急管理体系。各级政府都要有相关部门专门负责公共应急管理，行政首长对所辖地方和主管范围出现的危机事件负有不可推卸的责任。

针对不同类型的公共危机应采用不同的处理措施。

一是误解性危机的处理。政府本身没有什么问题，没有出现任何损害公众的事件，但是，由于各种因素，被公众误解了，怀疑了。如有公众无端指责政府，使政府陷入危机之中。政府公务人员要高度重视，及时采取措施，消除影响。政府主管领导可在媒体直接露面，将危机的真实情况尽快、主动、尽可能准确地向公众公布，这是消除误解、争取民心的根本性措施。

二是事故性危机的处理。由政府自身的失职、失误，或者管理中出现问题，或者服务上出现问题，引发的危机事件，就是事故性危机。这种危机的责任完全在政府。对这类危机事件的处理，政府应采取如下措施。首先，果断采取措施，有效遏制事态扩大。其次，诚恳向公众致歉，以期迅速获得公众的谅解、宽容。再次，了解公众需求，及时弥补公众损失。最后，认真检查，切实做好改进工作。

三是人为破坏型危机的处理。所谓反恐斗争，就是解决这种危机。“9·11”事件就是这种危机。处理这类危机时，首先，必须先堵塞安全漏洞，防范类似事件再次发生；同时追捕疑犯；最后，尽最大可能地摧毁敌对势力。

2. 建立应急管理中的协调机制

这种机制分为两类——无等级协调机制和等级协调机制。等级协调机制是指政府内部有等级区分的协调机制，主要体现为上下级政府之间的协调机制。无等级协调机制是指政府内外不涉及等级关系而主要涉及信息沟通的协调机制，如内部信息传递机制、横向部门沟通机制等。我国现在非常缺乏这方面的机制。因此，地方政府应大力建立健全无等级协调机制。

三　建立应急管理的预警体系

英国著名应急管理专家迈克尔·里杰斯特有句名言：“预防是解决危

机最好的方法。”这已为各国处理危机的实践所证明。

一是建立危机预警系统，包括电子预警系统和指标性危机预警系统。

二是制定好应急处置方案。这是做好危机预警最关键的环节。不少政府机关和企业由于忽略了这一环节而蒙受了巨大损失。

四　建立应急管理有效的传媒体系

在处理危机过程中，运用新闻媒体等多种渠道将有关信息和措施传播出去，是重塑政府良好形象的重要手段。

第四章

社会工作应急管理原则

社会工作者更多地服务在社区一线，面对出现的各种复杂危机，需要进行分类、分级和分期管理，结合社区危机实际，在社会工作应急管理工作原则的指导下，开展广泛的实践活动。因此，社会工作者应对社会工作应急管理的相关核心概念及主要内容有一定的了解，掌握社会工作应急管理的原则以及运作的动态过程，本章着重介绍社会工作应急管理运行过程中应该遵循的基本原则，以及对原则灵活运用的方法。基本原则体现了社会工作应急管理的基本价值，规定了社会工作应急管理的工作方向；而社会工作应急管理的具体原则旨在将基本原则具体化，使行为主体在社会工作应急管理实践过程中，工作思路更清晰、操作更具有条理性，推动社会工作应急管理的运行过程更加顺畅，达到良好的管理效果。

第一节　社会工作应急管理的基本原则

所谓社会工作应急管理的基本原则，是指社会工作者在社会工作应急管理的运作过程中所依据的主要准则，或是规范社会工作应急管理运行的依据，它体现了社会工作应急管理的价值。社会工作应急管理基本原则对社会工作应急管理行动主体的行为活动起指导作用，因为以基本原则为行动指导，使应急管理主体之间易于达成行动目标和行为活动的一致，保证应急管理的顺利运行。社会工作应急管理的基本原则是以预防为主、预防与应急相结合，是由社会工作应急管理在整体应急管理系统所处的位置、作用所决定的。在前三章中，我们已经讨论过社会工作应急管理在整体应急管理系统中处于末梢位置，却又是至关重要的部分。社会工作应急管理可以以科学、高效的手段监测风险、预防危机，并在第一时间对突发事件进行先期处置，尽可能缩小危机事件的辐射范围和减少损失与成本的投入。

一　以人为本原则

社会工作是一种助人自助的活动，是助人的过程、方法。也可以说，社会工作专业服务的运作目的是满足服务对象的合理需求，并授予服务对象通过自身努力获取资源的方法。社会工作主要围绕服务对象的需求运作，以人为本是其本质属性。社会工作性质决定了社会工作应急管理的工作过程始终坚持以人为本，这也是社会工作应急管理所坚持的一项重要的具体原则，体现了社会工作专业服务的本质。在党的十七大上，胡锦涛在《高举中国特色社会主义伟大旗帜　为夺取全面建设小康社会新胜利而奋斗》的报告中提出，科学发展观的第一要义是发展，核心是以人为本。以人为本是科学发展观的核心，也是社会工作专业服务的工作理念。在以人为本的科学发展观被提出以前，我们将发展的重心放在经济上。事实上，有些突发事件的发生是人为造成的结果。我们需要付出巨大的代价来弥补我们的行为结果。在以人为本为核心的科学发展观被提出后，社会发展观得到了重塑，社会的发展并不能单纯追求经济的增长，在经济发展的同时要兼顾国民需求的满足，促使国民积极投入社会建设，这才是社会发展的根本动力。当生存需求、发展需求无法得到满足时，国民可能会通过极端的手段抢夺需求物，而不是以积极的态度去争取、创造，最终的结果是扰乱社会正常运行秩序，干扰经济市场的运转，严重阻碍经济的发展。总而言之，满足人的需求对社会发展具有重要意义。然而，人与人之间，或人在不同时期的需求都存在差异，如何协调个体差别，并不断满足个体之间的需求是社会发展必须面对和解决的问题。社会工作服务于社区居民，能够运用社会工作专业知识和技巧分析居民的需求，并通过社会工作专业服务方法满足其合理需求，这一过程并不是单项的给予和帮助，而是帮助居民最终实现自助，这正是社会工作专业服务宗旨的体现，授之以渔而非授之以鱼，帮助服务对象实现自我成长，而非一直依赖于社会的供给。

社会工作应急管理同样应该遵循以人为本原则，一方面，根据马斯洛的需求层次理论，人类需求分为生理需求、安全需求、社交需求、尊重需求和自我实现需求。其中，生理需求、安全需求是基础，在这两种需求被满足后才能发展其后三种需求。安全需求的内容包括人身安全、健康保障、资源所有、财产所有、道德保障、工作职位保障、家庭安全。突发事件的发生对社区居民的生命、财产造成威胁，居民的安全需求得不到满足，因此，社会工作应急管理的工作内容之一是帮助社区居民防灾、减灾、抗灾，以此满足社区居民的安全需求。当遭遇突发事件时，社区居民是首先的受害者，如果没有采取有效的、科学的方式进行救援，可能会造成严重的人员伤亡和经济损失，这对于国家而言也是一场巨大的灾难。另外，可以将应急管理看作社会工作者向社区居民提供的一种专业服务，目的在于帮助社区居民处置突发事件，确保自身和财产安全，以及发挥助人自助优势，通过开展服务活动培养社区居民的安全意识，培训居民的自救能力。

在社会工作专业服务过程中应该如何保持专业宗旨、遵守基本原则是建设社会工作应急管理体制的重要内容。从应急管理不同阶段进行分析，第一，在事件发生前的预防阶段，社会工作服务的重点在于，对社区居民进行安全意识、危机应对意识的培养，应急知识、技能的教育，使其能够在突发事件发生时进行自救与互救。因为在混乱的状态下，并非所有人都能够得到外界的及时援助，所以社区居民的自救与互救有利于提高应急效率。第二，在事件发生中的应对阶段，社会工作专业服务主要的工作是协助政府安抚受灾居民及其亲属，帮助他们从突发事件的阴影中走出来，重新投入社会建设。例如，居民不幸在灾难中失去了亲属，或者造成身体的残疾，这就需要帮助其调整心态，重新面对生活，以新的方式、学习新技能融入工作和生活，而不是自暴自弃，或是失去生活的能力。第三，在事件发生后的恢复与重建阶段，社会工作能够进行的服务是帮助社区组建当地的社会工作服务团队，继续跟踪服务对象，帮助服务对象能够在没有社会工作的帮助下独立生活并重拾生活的信心。社会工作应急管理的整个运行过程中，贯穿着以人为本、助人自助理念。

二　预防为主原则

1. 坚持以预防为主

中国古语曰“凡事预则立，不预则废”，为了有效应对日益频发的突发事件，维护社会秩序的稳定，应急管理应以预防为主、应急处置为辅。传统突发事件应急管理体制关注的焦点在于事后的重建与恢复，但结果却是政府投入了大量的人力、物力、财力来恢复社会的正常运行，以及重新建设灾区。现阶段，我国所面临的挑战是社会风险越来越复杂，如果对这一切都置之不理，还沿用传统应急管理模式，仍将重点放在事中应急处置、事后恢复与重建上，则会使国家与人民付出惨重的代价，所积累的财富都将无法应对庞大的应急支出。然而，幸运的是，在抗击“非典”后，我国政府重新审视原有应急管理体制，并不断完善应急管理体制。经过长期的建设与规划，实现了传统应急管理向现代应急管理的转变，现代应急管理体制与传统应急管理体制相比，工作重心向事前预防转移，重视风险监测、危机预防、先期处置等前期预防工作。《中华人民共和国突发事件应对法》第五条规定，突发事件应对工作实行预防为主、预防与应急相结合的原则。另外，多元主体参与应急管理，是现代应急管理与传统应急管理之间的另一个差别。传统应急管理的主体主要是政府，政府及其部门通过运用行政手段领导职能部门应对突发事件，而在社会治理视野下的应急管理系统是将多元主体纳入应急管理系统，实现政府统一领导，企业、单位、社会组织、公民等多元主体协同治理。根据上述内容，可以将现代应急管理目标总结为，应急主体行为始终坚持以预防为主、预防与应急相结合原则，集结多方主体力量，各施其能、各尽其责，力求以较少资源投入换取社会稳定、和谐。

社区应急管理是整体应急管理的组成部分，应该遵循整体应急管理运行的基本原则，始终坚持以预防为主原则开展应急工作。应急管理过程是动态的过程，从事前的预防、预测预警，到事中的事件分析、紧急反应、应急处理，再到事后的评估恢复、重建，是分阶段、分步骤循序渐进的过程。从个体层面上看，应急管理是独立的完整的应急体系。从整体层面上看，应急管理是整体应急管理的一个重要组成部分。但无论是在何种层面运作，应急管理始终坚持以预防为主的原则。社区居委会作为基层自治组织，是突发事件的直接面对者，毫无疑问应该作为社会治理主体参与突发事件的管理。居民聚集于社区，社区一旦遭遇突发事件，就将对社区居民生命、财产安全造成威胁，以社区配备的人力、物力、财力资源，无法凭借一己之力应对突发事件，并且社区居委会不具备整合资源的行政能力，所以唯有采取措施开展应急预防工作，将应急预防作为社区应急管理的首要工作，维护社区整体的安全。

目前，我国的社会工作主要以社区居民为服务对象，长期活动于社区内，以服务居民、满足居民需求为主要服务内容。社会工作虽是舶来品，但近年来，在社会各界的共同努力下，社会工作本土化有了巨大发展。随着社会改革的深化，社会需求呈现多样化，这就要求社会工作拓宽服务领域，提供更丰富的专业服务，满足不同社区居民的需求，并适应时代发展的需要。在风险社会背景下，社会工作应该以提供社区居民稳定的社区和社会环境为工作目标，结合社区工作方法和技巧，构建社会工作应急管理机制。在前文中，我们已讨论了社会工作专业服务所具备的应急管理能力，也详细分析了社会工作在应急管理过程中所发挥的作用。社会工作应急管理并非完整的应急体系，只是具有预防功能的社会服务方法，只可以作为应急管理中应急预防与应急处置的工具，因此，社会工作应急管理始终在应急管理的大框架下运行，并以应急管理的基本原则作为服务开展的准则。社会工作应急管理主要具备预防突发事件的能力，所以应以以预防为主为基本原则，将力量集中于应急预防，使预防发挥最大功能，而非将力量分散，做力所不能及的工作。

2. 预防与应急相结合

突发事件具有紧急突发性和高度不确定性的特征，虽然人们会采取多种方式监测风险，预防突发事件发生，但突发事件往往在毫无准备的情况下发生，在一定程度上是不可预测的，尤其是自然灾害类的突发事件。当危机产生，面对这股突发性的破坏力，我们不能将期望寄托于在第一时间得到救援，唯有依靠自身力量积极应对这突如其来的变故。当突发事件发生时，社区无疑是灾害的第一现场，然而，受到信息传递的时间延误性、政府决策滞后、资源整合耗时长等客观因素的限制，社区力量无法在第一时间组织进入社区救援，社区需要运用应急管理方法进行先期处置，通过自救与互救方式保证居民的生命安全，保障社区和居民的财产安全。社区人口密度大，人群相对集中，是突发事件发生后危害蔓延最快速、损失最严重的地方，所以当遭受突发事件的威胁时，社区应该迅速按照应急预案规划的路线组织居民疏散、撤离危险地区，并安置受到威胁的居民，避免因现场混乱失序而造成不必要的人员伤亡和经济损失。所以，社区应急管理者不仅要关注突发事件的预防，还要增强自身应急处置能力，同时，注重预防与应急相结合、相衔接。社区突发事件应急管理及进行过程应遵循以预防为主、预防与应急相结合的原则。如果未有先期的预防准备，包括应急预案编制、应急物资准备、信息共享平台等方面的建设，则会增加应急处置的难度，降低应急效率。社区资源相对有限，危机事件发生时，需要协调社区内的社会组织共同应对突发事件，社会工作的专业服务技术及应急处置能力有助于资源和力量的协同与整合。社会工作专业服务的应急处置能力主要体现在宣传动员、组织群众开展自救和互救、协助维护社会秩序等方面。缺少社会工作参与的应急管理体系是不完整的。社会工作专业服务影响应急管理的效果，不仅体现在预防阶段，也体现在应急处置过程，只将社会工作专业服务作为应急预防的工具，而不让其参与应急过程，是社区应急管理体系不健全的表现。因此，社会工作应急管理应始终坚持以预防为主、预防与应急相结合原则，为社区居民提供专业服务，提高社区应急管理能力，共同应对突发事件。

社区突发事件发生后，应急管理部门应根据突发事件危害程度、紧急状况和发展态势，组织安排社会工作专业服务项目。首先是预警信息的发布、调整预案。对可能危害人民群众生命财产安全的突发事件，通过广播、电视、报刊、通信、网络、警报器、宣传车或组织人员逐户通知等方式予以通报，对老、幼、病、残、孕等特殊人群以及学校等特殊场所和警报盲区采取有针对性的公告方式。面对突发事件，在应急管理过程中要遵守信息公开制度，这不仅仅是保障社区居民的知情权，更是避免因对突发事件的猜测带来更大安全隐患的需要。突发事件的紧急性及其产生的危害很容易让社区居民陷入恐慌。若不能在正规途径得到真实的信息，社区居民就会自行对已知的不准确信息进行编造，进而演化成谣言，若被不法分子利用，则会误导社区居民，引发集体恐慌，将有可能影响社会秩序的稳定。对突发事件的不正面回应、谎报，不仅会为流言的产生创造条件，也可能会影响应急救援，造成更多不必要的损失，还会影响相关部门的公信力，让公众对其产生怀疑。应急管理部门应对有关突发事件产生和发展情况做真实的报道，利用媒体进行信息公开，并正确引导社区居民的情绪。社会工作应急预警可以作为预防向应急处置过渡的桥梁，搭建好这座桥梁有利于实现预防与应急处置的结合。及时获取突发事件的相关信息，一方面，有利于社区居民在有限的时间内撤离危险地区，保证自身生命安全；另一方面，可以动员具有应急能力的公民、社会团体、单位等参与应急管理，尽可能降低危机事件造成的损失。在此基础上，及时向上级有关部门汇报信息，为政府相关部门理性决策提供依据；在上级领导部门的指挥下进入危险地区或灾区开展先期处置行动，包括组织疏散、撤离、安置受到威胁的居民、建立资源链、重新配置资源、对受难者及受难者家属进行安抚和给予人文关怀等。社会工作者长期服务于社区，熟悉社区环境状况，虽然应急预案对于组织居民疏散、撤离的路线已有明确规划，但是可能会出现交通问题的干扰，因此要求在应急管理过程中必须掌握相关信息，灵活调整应对策略。与此同时，在日常生活中，社会工作服务于社区，开展应急演练，不仅要让社区责任人熟悉应急知识，也要培训社区居民，让他们获得自救知识。撤离后的安置问题也十分重要，社区资源往往十分有限，所以要利用社会工作资源整合的优势筹备应急资源，确保避难场所能满足安置居民的基本生活需求。最后，利用社会工作专业服务的心理疏导功能优势，弥补社区在应急管理过程中的不足。各部门在应急工作过程中可能会忽略人文关怀而引起受难者及其亲属的不满，极易再衍生新的危机事件，此时需要社会工作开展专业的心理疏导服务，安抚群众的情绪，使其面对现实，重新融入新生活，甚至加入救援活动。另外，如果只是一般级别的突发事件，只需要启动应急指挥系统，根据应急预案，协助社区应急管理责任人及时处理。

综上所述，社会工作应急管理以预防为主、预防与应急相结合原则作为基本原则。在基本原则的指导下实施社会工作应急管理，能够保证社会工作应急管理实现服务效果的最大化。

三　快速反应原则

社会工作应急管理的快速反应原则，可以指导社会工作者在社区突发事件应急处置阶段的服务活动。突发事件的产生要求社会工作应急管理需要在第一时间奔赴现场开展先期处置工作，在有限的时间内运用社会工作应急管理知识和技巧，控制突发事件的发展态势，尽可能收集相关信息，为政府部门理性决策提供依据。突发事件的特征可以归纳为紧急突发性、迅速扩散性、严重威胁性和信息有限性等，所以当突发事件发生时，要求应急主体及时对突发事件采取措施进行应急处置，控制事件影响范围的扩大、程度的加深。突发事件的发生可能会对一个国家造成严重的危害，无论是人员伤亡，还是经济损失，若得不到及时处置，并控制整体事态的发展，则可能会使危机蔓延至邻国，甚至是整个世界。所造成后果的严重性将不可设想，例如全球气候变暖，最初只是个别工业发达国家的问题，现在却演变成全球性问题。再者，我们将范围缩小至社区，社区人口密集，社区基层组织作为突发事件的直接面对者，应急能力十分有限，仅适用于应对三级突发事件，当发生一级重大突发事件，例如，“非典”事件、汶川地震、火灾等重大突发事件时，社区就无法独立应对。尽管如此社区依然能够在先期处置中尽可能减缓突发事件的发展速度，社会工作应急管理要把保证社区居民的生命安全作为管理的出发点和落脚点，尽可能地减少突发事件对居民带来的伤害。要增强社区应急能力，建立和完善社会工作应急管理，帮助社区应对突发事件，营造社区和谐的环境。依据突发事件的特点、社区应急管理能力的现状及社会工作应急管理的作用，社会工作应急管理必须参与社区应急管理，并要根据突发事件现场状况快速制定应急策略，及时应对突发事件。另外，以快速反应作为社会工作应急管理的原则是为了弥补政府社区管理之不足，协调配合国家应急管理。政府做出整体部署前需要掌握突发事件相关信息，只有这样才能理性决策，社会工作应急管理的工作内容之一就是信息收集，为了能够让政府充分了解情况并做出理性决策，社会工作应急管理应该对突发事件采取快速反应，奔赴灾区进行综合评估、收集信息提供给政府决策部门。

社区危机事件发生得紧急而又突然，且在信息、资源都十分有限的情况下，社会工作应急管理应如何遵守快速反应原则。在现有的条件下快速做出反应决策是社会工作应急管理应该思考的问题，也是社会工作应急管理的难点所在。对这一问题，我们可以分析在不同阶段内如何快速反应。首先，在预防阶段，社会工作者长时间服务于社区居民，对于社区内外的环境，以及社区所具备的应急资源已熟知并可以做出评估，同时，通过协助社区进行应急预案编制和风险监测，培养对危机的敏感性、警觉性，当察觉异常现象时，及时做出判断，及时向上级领导机关做汇报并做应急准备。在此期间，搭建社会工作应急信息系统平台和应急指挥平台十分重要。动态掌握应急保障信息，以便在应急处置过程中做好援助活动。其次，在应急处置阶段，若危机发生于社区内部，则应根据所做的预防阶段的应急准备进行先期处置，启用相关应急行动组；若危机发生于社区外部，属重大级别或较大级别的突发事件，则要求社会工作者及时奔赴现场，初步判断事件级别，并向上级部门报备，根据现场勘察判断事态发展情况，立即成立指挥部，然后根据前期分析启动相关服务。如判断结果为一般级别突发事件，应及时启动应急指挥系统，根据应急预案立即处置。应急处置工作完毕后，响应责任单位应及时研判，适时决定应急工作结束。最后，在事后恢复与重建阶段，在应急工作结束后，应立即对事发原因、处置经过、损失、援助需求等做出综合调查评估，启动相关服务，实施社区灾后恢复与重建策略。

四　协同治理原则

突发事件的发生在一定程度上会影响到局部地区或整体社会的正常运行，随着人类活动范围的扩大、社会分工的细化及追求经济的高速发展，自然、人为引起的突发事件发生频率呈上升趋势，同时，涉及领域多、种类多样、危害性强，且各类突发事件之间又会相互影响、相互交叉，如突发公共卫生事件可能会诱发社会治安问题。面对这一社会现状，如果将希望完全寄托于政府及其部门的应急管理，维持强国家—弱社会的社会关系，那么所得到的结果只会是政府管理的力不从心、应急管理的能力下降，甚至会造成突发事件频发的局面。再者，现代部门领导职能分工清晰，责、权、利划分明确，虽然改变了计划经济体制的条块分割、权责不明、职能交叉的局面，但也会引发“不在其位，不谋其政”的新问题，影响救援配合的动力。因此，强化社区应急合作具有必要性。党的十八大首次提出“社会治理”的概念，体现中国社会管理的进步。与传统社会管理相比，社会治理强调多元主体参与，即在党、国家的统一领导下，单位、企业、社会组织、公民参与社会治理，协助党和国家共同治理，以此激发组织活力，协调国家与社会的关系。现代应急管理体制的建设与完善融入社会治理理念，重视将多元主体纳入应急管理体系，强调应急合作的重要性。根据《中华人民共和国突发事件应对法》的规定，要建立统一领导、综合协调、分类管理、分级负责、属地管理为主的应急管理体制。在此，我们主要讨论将社会工作专业服务纳入应急管理体系，发挥其优势从而提高我国整体应急管理水平。社会工作应急管理能力不断提高，以协同治理为原则，协助应对突发事件。

社会工作应急管理的协同治理能力毋庸置疑，但如何坚持协同治理原则以发挥社会工作应急管理的最大效能才是我们应该关注的重要问题。首先，建立统一高效的应急指挥体系必不可少。应急处置要及时以有效地遏制事态进一步恶化，需要参与应急管理的各主体快速反应，发挥应急管理作用，协同合作以抗灾，这就要求领导主体统一指挥，以免在应急处置过程中造成混乱的局面及资源的浪费。政府及其相关部门无疑要扮演领导者的角色，统一调配各救援队伍，并且，救援队伍内部也应该建立统一的应急指挥系统，部署行动策略，提高应急效率。高度统一的应急管理能够有效实现资源整合，确保信息渠道的畅通，使事件的发展程度、发生地的具体情况都能以最快的速度反馈到指挥处，为指挥处做出理性对策提供参考。例如，在危机应对、人力资源调整、救援资金筹集等方面发挥积极作用。社会工作要服从安排，配合救援，并在内部指挥系统的指挥下启动社会工作应急管理服务。其次，构建信息共享平台，实现信息互通。社会工作应急管理的其中一项任务是信息收集，然而信息收集后如何向决策部门传递，为决策部门做出理性决策提供信息支持呢？这就需要构建信息共享平台。实现多方协同治理离不开信息共享平台。社会工作应急管理系统内也需要搭建信息共享平台，在社会工作应急管理内部也分为应急指挥体系和执行部门，信息共享平台易于指挥系统和执行部门启动服务。再次，实现应急救援资源共享，配合其他应急部门作业。参与应急管理的主体不只有社会工作服务队，还可能有其他专业的救援队伍，如医疗卫生队、武警救援队、志愿者救援队等。因此，社会工作可以运用专业优势，筹集物资，如医疗卫生器械、生活用品、食物等，调查民生需求，整合信息，与应急队伍共享资源、信息，提高整体应急效率。最后，创建多主体协同演练模式。开展定期或不定期的演练，将应急预案进行实战演习，检验应急预案的科学性和有效性、信息共享平台的运行状态、统一指挥系统的指挥协调能力及资源整合等方面的能力，从而有效协调多主体的应急合作，提高应急效率。社会工作者需要参与应急处置，所以，在此之前必须掌握应急知识，保证应急管理的顺利进行，以及配合其他专业救援队伍，通过与其他应急主体开展应急演练，加强社会工作应急管理的效能，更好地协同治理。

社会工作应急管理无论是从地位，还是从作用来看，都只能作为国家应急管理体系协同治理的基础，因此，社会工作应急管理应以协同治理为原则，指导其以协同的角度介入应急管理，突出优势，将应急作用发挥到最佳。

五　资源整合原则

资源是社会资本理论的核心概念，布迪厄认为当一个人具有相对持久的社会关系网络时，这种关系网络就成为他所拥有的资源，而资源整合可以看成组建或拓展社会关系网络的过程。突发事件的发生对于当事者而言无疑是一场不可预见的灾难，当然，其固有的社会资本并不会因为灾难的发生而消失，但原有的社会资本或是资源是否能帮助其抵御灾难却存在不确定性。突发事件对当事者带来的后果包括突发事件中的经济损失、灾后的心灵创伤、丧失重新回归正常生活的能力等，因此，在当事者无法依靠已有社会资源独立应对突发事件时，就需要其他人的帮助。其他人的帮助可以使受困者拓展社会关系网络，然后脱离困境。社会工作的资源整合功能决定了其在应对突发事件中可以发挥重要作用。

突发事件处置的资源整合过程，是根据应急需要将社会剩余资源集合再分配投入突发事件的应对过程，通过聚集资源与力量，可改变受灾地区资源供给不足的现状。社会工作应急管理以资源整合为原则，充分发挥社会工作的应急管理功能与优势，满足应对突发事件的需要，力求提高应急管理的能力。一方面，社区应急处置需要外部的援助，尤其是救援资源的供给。社区的应急预案编制涵盖应急资源的筹备，是为在突发事件发生时，保证受灾居民的基本生存需要不受影响而做的前期规划。但受社区人口流动性强、突发事件历时长和无法预估等不确定性因素的影响，所储备的应急资源不一定能够维持社区内所有受灾居民长时间的基本生活需求，这就要求在社区资源供给不足时，借助外部组织力量筹集应急资源，以确保社区能具备足够的人力、物力、财力抵御突发事件。另一方面，公共应急资源的有限性要求外部供给，以实现应急管理的良性运行。国家应急管理主要以政府作为统一领导，政府可以通过行政手段指挥，统一调配可调配的公共资源，预估抗灾所需的公共应急资源总量，预计灾后重建与恢复的人力、物力、财力资源投入量，实现应急管理的良性运行，所以突发事件应急管理的资源整合过程需要社会工作应急管理的配合才能实现。社会工作应急管理以社会工作方法与技巧作为基础，同样具备一定的资源整合功能，通过外部支持可满足社区需要，弥补政府资源供给的不足，为应急管理的良性运转提供资源支持。

六　依法规范原则

依法规范原则也是社会工作应急管理应该遵守的一项重要基本原则。依法规范顾名思义就是社会工作在参与应急管理过程中应依法行事，将法律作为行为准则，规范社会工作专业服务。所谓“无以规矩不成方圆”，法律的作用在于强制主体行为符合全体国民的意志所向，对全体国民具有普遍约束性。法律对社会工作专业服务行为同样具有约束性，社会工作应急管理需要根据法律制度所规定的方式操作，在法律允许的范围内开展专业服务，自觉遵守法律规定，规范专业服务行为，以确保社会工作应急管理合法、高效地进行。同时，在一定程度上，法律对于社会工作应急管理还具有指引作用。例如，《突发事件应急预案管理办法》规定，单位和基层组织应急预案由机关、企业、事业单位、社会团体和居委会、村委会等法人和基层组织制定，侧重明确应急响应责任人、风险隐患监测、信息报告、预警响应、应急处置、人员疏散撤离组织和路线、可调用或可请求援助的应急资源情况及如何实施等，体现自救互救、信息报告和先期处置特点。从该条例中我们可以看到，包括社会工作在内的基层组织或社会团体在应急管理过程中应该承担的责任、负责的应急任务等。

社会工作应急管理以依法规范原则为行为准则，其中包含两方面内容。一方面，对内要以法律为基础规范专业服务行为，使预防、应急处置工作规范化、制度化、法制化。但目前我国现行法律条文并没有将社会工作专业服务纳入应急管理体制，让社会工作专业服务合法介入突发事件，缺乏制度上的保障。虽然在法规中有提及社会组织可以参与应急管理，却没有明确提出社会工作应急管理的合法化问题。在过去已发生的重大突发事件中已经可以看到社会工作专业服务的力量，但受制于应急管理体制的局限，社会工作未能在应急管理过程中发挥自身优势，例如，社会工作者得不到或需要长时间的工作才能得到服务对象的信任，又可能因为没有在法律上获得认可，所以在资源整合过程中受到限制。在未来，社会工作应急管理合法化问题应该被政府及其部门提上议事日程，尽快使社会工作在应急管理体系中具有合法地位，在处置突发事件过程中发挥积极作用。虽没有明文规定社会工作在处置突发事件中的合法地位，但这并不意味着社会工作可以不作为，其仍要以现有法律条文为依据开展服务。另一方面，对社区内高危行业的经营行为等依法行使监督权，预防因经营行为不当而引发突发事件。我国经过长期评估、修订，已颁布相关的法律政策，并要求高危行业制定行业标准、规范行业行为以预防突发事件发生。通过制定法规、高危行业标准和监管部门规章制度等强制性规则，加强对突发事件的预防。总而言之，社会工作应急管理的依法规范原则是对自身行为的规范，也是运用法律手段预防突发事件发生的要求，既可以加强预防又可以提高应急处置效率。

在以人为本、预防与应急相结合以及依法规范等原则的指引下，社会工作能够以更科学、更合理、更规范的行为服务于社区居民。社会工作应急管理进入国家应急管理体系运作，各主体之间相互协作，沿着相同的方向并朝着共同的目标前进，可大幅度提高应急效率。

第二节　社会工作应急管理的具体原则

社会工作应急管理的具体原则是在基本原则的基础上，根据实际运用提炼出来的，进一步明确了社会工作应急管理的工作方向，更加详细规范了社会工作应急管理的服务过程，让社会工作专业服务者在应急管理过程中做出正确的判断，不受个人立场、观点、主观印象的影响。

一　第一时间原则

危机事件通常具有突发性、震撼性的特征，来势凶猛，整个事件的过程发展变化迅速，有时甚至无章可循或无先例参考，而且由于信息不畅或不全面，其发展与后果往往带有不确定性，难以预料。鉴于其巨大的破坏性、危害性和负面影响，危机事件一旦发生，时间因素就显得最为关键，政府必须立即在事发现场采取一系列应急处理手段，及时控制危机事态发展，而且越快越好。危机事件初始阶段的应急措施，如果能够做到及时、准确，社区居民心理就能够初步安定，社会秩序也能初步维持，为争取整个危机事件处理工作的顺利完成奠定基础。要做到这一点，需要具备畅通的信息渠道和树立清醒的危机意识等条件。

二　权威介入原则

处在危机状态下的社区，社会失序、心理失衡、险象环生。控制局势、稳定人心、协调救助行动都需要有权威机构、权威人物的及时介入和权威信息的及时发布、权威决策的及时出台，绝不能在请示、报告、等待甚至公文旅行中贻误时机。

目前，在我国的应急管理过程中，最先介入危机处置的应该是危机发生地的基层政府，基层政府对控制危机局势担负重要的责任。但在采取初步措施的同时，必须逐级上报，由上级政府和有关专业部门做出需要哪一级机构、哪一级领导介入的决定，并立即实施。

美国在遭到前所未有的"9·11"恐怖袭击时，时任美国总统布什立即采取措施，在返回白宫途中，分别在路易斯安那州和内布拉斯加州空军基地做短暂的停留，表达哀痛之意并誓言还击。针对恐怖事件，布什立即发表四次讲话（第一次发表讲话的时间距离事发仅 45 分钟），希望全国人民团结一起共渡危机，以此表明美国政府保护本国人民、打击恐怖主义的信心和决心。随后救援工作也都井然有序开展，整个美国的社会秩序也很快得以恢复，为此布什本人也得到了美国社区居民和媒体普遍的赞赏。

三　果断决策原则

社区危机决策属于非程序性决策，需要完成两个转换。一是决策方式由平时的"民主决策"切换为战时的"权威决策"。突发事件来临时给予管理者们的决策时间往往十分有限，任何犹豫不决、举棋不定或拖延决策都有可能给组织带来致命的伤害。平时为了达成共识，决策者在决策时可以多方酝酿，反复协商，并且要以理服人，少数服从多数，危机管理时则必须由最高决策者在信息共享、专家咨询的基础上"乾纲独断"，迅速拍板，并且是谁决策谁承担责任。二是决策目标必须从"维护利益"切换为"拯救生命"。通常，维系一个组织（国家、企业或家庭）靠的是共同利益；然而危机来临之时，生命胜于利益。在应对危机之时，各级管理需要立即去做的事情必定会成倍增长，千头万绪常常令人不知从何下手。然而大难临头，必须抓住主要矛盾，以公众为中心，以公众的切身利益为中心，以公众关注的优先级为中心来分清轻重缓急和先后顺序。只有对以公众为中心的轻重缓急和优先级进行排序，才有可能使本部门、本企业乃至管理者个人的损害降低至最小。因此，在进行应急管理时，必须集中精力抓好当务之急，切忌三心二意，左顾右盼。从国内外经验来看，只要危机不解决，危机所带来的负面影响就无法根除，试图抵消这种影响的任何努力都只能是事倍功半。

四　生命第一原则

生命第一原则是现代危机管理的重要原则。在危机事件的应对中，抢救生命与保障人们的基本生存条件，是处理危机和开展救援工作的首要任务。因此，必须以确保受害和受灾人员的安全为基本前提。同时，还应该最大限度地保护参与处置突发事件的应急人员，如士兵和警察等人员的生命安全。

五　及时沟通原则

沟通的目的是解决问题。危机改变了社区的运行轨迹，也改变了社区与社会公众、利益相关者、组织内人员之间的关系，他们有权知道究竟“发生了什么”。此时，畅通的沟通渠道、高明的公关政策对于维护组织的形象、阻止危机的扩散、降低危机的损失具有十分重要的作用。与公众沟通的关键在于及时把公众须知、欲知、应知的全部信息通过最容易让公众接受的方式发布出去，在公众中树立诚实守信、敢于负责也能够负责的形象。

六　效率优先原则

危机往往会波及比较大的社会范围，这就需要我们集中救助力量，利用短小精悍的精锐部队实现快速有效救助的目标。在政策选择上，日常工作中，为了让公众容易接受和适应某项政策措施，通常会采用比较温和的办法，细水长流地逐步深化、完善政策。然而在危机应对时刻绝不能采用拖泥带水的“渐进式增兵”办法，必须采取高压强势政策，抓住主要矛盾、集中优势兵力，首先将事态中的关键因素迅速控制住，否则就有可能势如决堤，一溃千里；在具体救助中救援人员不宜过多，以免造成协调困难，忙中出乱。

世界各国在应对危机时都非常重视精干高效的原则，特别是在面对恐怖活动之类的危机事件时，许多国家都建立特种部队专门应对。这些队伍一般都是人员精干、通信手段先进、武器装备精良和专业化、高效能的特殊部队。这些部队在执行应对危机事件的任务时，常常各自为战，而决不搞人海战术。

七　协调一致原则

由于危机处理过程中，受危机影响的人群复杂多元。因此，在危机处理时需要协调一致，各个参与危机应对的部门相互配合，听从统一指挥。由于参与危机应对人员和力量来自各个方面，包括交通、通信、消防、信息、搜救、食品、公共设施、公众救护、物资支持、医疗服务等领域的人员，以及军队、武装警察官兵等，有时候还有志愿人员参加，所以，在危机应对中的协调一致特别重要。突发事件的不可回避性以及突发事件应急管理的紧迫性，要求政府在危机事件发生后，不同职能管理部门之间实现协同运作，明晰政府职能部门与社会组织的相关职能，优化整合各种社会资源，发挥整体功效，最大可能地减少事故造成的损失。目前在许多国家，通常由治安当局负责危机事件发生现场的组织协同工作，如美国法律规定，紧急事务事发现场的组织协同的牵头部门是联邦调查局，危机处理后期协同工作则由联邦紧急事务管理局牵头负责。在一些危急的、大规模的、与国家利益密切相关的涉外危机事件中，有时需要政府首脑直接负责组织协调，统一调度，以保证权威地调度危机应对所需的各种资源并及时做出决策。

一致性原则，就是用语、功能、操作保持一致。在危机处理中，要求管理者或新闻发言人统一对外发布信息，对外的宣传解释必须保持高度一致，不能互相矛盾，同时，保证与媒体的沟通渠道是畅通的。如果新闻发言人准备的资讯不充分，所用语言不得体，传达的信息不完整，发言就没有任何说服力，还会让媒体或公众对相关主体产生不信任感，进一步加大危机处理难度。

八　灵活变通原则

应急管理，既是一门科学，又是一门艺术。应急管理和危机应对，既是关系到社区生存与发展的严肃话题，又给社会工作者们提供了一个管理智慧和创新才能发挥的广阔空间。事实上，危机事件爆发前的预防、危机事件发生后的应对和危机后期处理环节，都要遵循一些应急管理的基本程序和规则，但也无绝对统一的模式可以照搬。

山重水复疑无路，柳暗花明又一村。社会工作应急管理高手们往往能结合事态形势的变化、组织自身优/劣势、社区内外部资源条件等进行灵活处理和应对，有时不仅能力挽狂澜，成功跨越危机，甚至还能将危机事件转变成提升社会工作者形象的良机。

例如，危机发生后，媒体和公众的目光被高度吸引。这对社区发展来说其实是一种不可多得的外部传播资源，能否抓住合适时机转移公众的目光，或者借力发挥，找准新闻点制造出另外一个应对危机事件的方法，且迅速提升社会组织形象？优秀的应急管理者们，往往在此方面有惊人的表现。

又如，处于危机中的社区组织由于利益关系往往会和社会公众产生一定的冲突，组织本身发出的信息和解释比较难被公众直接接受，说服力不足。这时如能够灵活变通，向知名专家学者或者权威机构核对验证，通过第三方传递出信息，往往会产生降低社会公众警戒心理、重获社会信任的效果。

第五章

社会工作应急管理机制

2003年的“非典”催生了我国应急管理体系的建立，国家从组织机构入手，逐步在应急管理预案、体制、机制和法制上不断完善，形成了一套具有中国特色的“一案三制”应急管理模式。在组织结构上，从2006年开始，各省、自治区、直辖市人民政府以及各县级以上人民政府按照国务院设立应急管理办公室的模式，相继建立了各地的应急管理办公室。在预案上，2006年1月8日，国务院发布了《国家突发公共事件总体应急预案》。在立法方面，我国最终以法定的形式于2007年8月通过了《中华人民共和国突发事件应对法》。突如其来的新冠肺炎疫情是对我国应急管理体系与治理能力的一次大考。在全力以赴抓好疫情防控工作的同时，我们从国家应急管理体系与治理能力现代化高度，及时做到复工复产复学，统筹考虑时空治理、综合保障、信息传播、技术支撑、医学研发、后续支持，兼顾局部与整体、短期与长期，完善重大疫情防控体制机制，进一步健全国家应急管理体系。社会工作不仅在常态社会服务中发挥了重要作用，而且在应对突发公共事件时也能发挥专业优势。2020年2月23日，习近平总书记在统筹推进新冠肺炎疫情防控和经济社会发展工作部署会议上指出要发挥社会工作专业优势，是对社会工作积极参与疫情防控的充分肯定。

社会工作应急管理机制包括专业社会工作应急管理人才培养机制、社会突发事件监测预警机制、灵敏的应急沟通机制、社区安全隐患排查监控机制、社区信息报告和共享机制、社区应急处置协调联动机制、社会动员与参与机制、信息发布和舆论引导机制、社会应急物资的保障机制、社区应急管理问责机制。

第一节　建立专职社会工作应急管理人才队伍机制

自2003年以来，我国的应急预案、应急管理体制、应急管理机制和法制建设的理论与实践更加深入，加强应急管理人才的培养已成为社会工作重点之一。开发应急管理人力资源，建立、培养一支素质优良、结构优化、规模适当、布局合理、专兼并重的应急管理人才队伍，为应急管理工作提供有效的人才保障。

一　建立社会工作应急管理人才队伍机制是提高应急管理水平的关键

应急管理过程中要充分重视专家的建议，切不可贸然行事，用科学的知识和专业的技术做支撑，这就要求在应急管理体系中要建立一个专家咨询库，在突发事件爆发时能及时采取正确的应对措施。突发事件产生的问题有多种，要全面有效解决，就需要建立科学的应急管理专家库。在科学决策下，让专家充分发挥各自的功能，运用各自的专业知识和专业技能，实现应急管理效率的最大化，最大限度地减少危机带来的损失。因为专业化的社会工作应急管理人才队伍会为危机应对提供迅速、有效的解决方法，争取更多的危机应对机会、缩短危机应对时间，让专业人才资源更好发挥作用。

（一）提升应急管理的专业能力

应急管理工作的专业性和复杂性要求应急管理人才必须掌握专业知识，只有具备较强的专业实践能力和操作技能，同时具备专业精神和专业素养，才能保证应急处置的科学性和有效性。

1. 应急管理的判断能力

危机事件的突发性要求应急管理人才具备风险意识，能对各种危机进行精准分析，对可能发生的危机保持警惕，能在第一时间对已经发生的危机做出准确判断，对其严重程度和可能产生的后果进行科学预估，并能随着事态、环境、条件的变化及时调整，做出准确的观测。

2. 应急管理的适应能力

应急管理要求应急管理人才在进行应急处理时，必须对陌生的、变化的甚至是极端恶劣的环境表现出较高的适应能力，能够在不同环境下正常工作，否则难以执行应急管理任务。应急管理人才的适应能力包括应对多变复杂环境的灵活度、控制能力、反应能力和决策能力。

3. 应急管理的执行能力

研究发现，应急管理的基石是执行能力。执行能力即履行危机处理的职能和完成任务的能力，应表现在落实决策的力度和实现组织战略目标的程度，包括领悟能力、操作能力、整合资源和完成任务的能力。在应急管理工作中，执行能力将影响应急工作的正常开展，执行不力甚至会造成巨大损失和严重后果，执行能力的大小决定完成任务的效率。应急管理人才必须具备良好的协作和沟通能力，具有团队精神和协作精神，能与他人共同配合圆满完成应急管理任务。

（二）拓展应急管理人才的资源渠道

目前，我国应急管理工作面临的形势还比较严峻，有挑战也有机遇。说挑战，是因为自然灾害处于频发期，安全生产事故时有发生，公共卫生事件防控难度增大，社会安全面临新的任务和更加复杂严峻的形势。这种形势决定了我国对于应急管理人才的需求量也会越来越大。因此，对于应急管理人才的培养要有前瞻性和预见性，针对应急管理工作的特点，结合现有应急管理人才资源的状况，遵循应急管理人才的成长规律，对各行业应急管理人才需求进行科学预测，为应急管理人力资源的开发提供支撑，以满足应急管理工作发展的需要。

1. 做好应急管理人才的选拔和培养

由于应急管理的急迫性，在人才选拔时，既要考虑应急管理人才的短期需求数量，又要顾及长期应急管理人才的质量。在应急管理人才选拔时，不仅要有专职的应急管理人才队伍，还要培养一支合格的兼职应急管理人才队伍，构建有效合理的应急管理人才储备机制。目前，我国应急管理人才队伍中缺乏高层次、专业性人才，特别是复合型应急管理人才严重不足，所以，在应急管理人才选拔时，应当把优化队伍结构、建立层次合理的应急管理人才梯队放在首位，加大高层次专业应急管理人才的选拔和培养力度，扩大人才选用视野，以各行业的高层次专业人才带动应急管理人才队伍的整体发展。

2. 提升应急管理人才的知识和技能

《中华人民共和国突发事件应对法》对政府及其有关部门开展应急知识普及活动和必要应急演练、新闻媒体进行预防与应急知识公益宣传、各级各类学校开展应急知识教育等都做了规定。近年来，部分高校和科研院所纷纷成立应急管理研究及教学机构，开展应急管理学术研究和人才培训工作。根据我国的具体国情，结合应急管理工作特点，制定制度化、体系化、科学化、有针对性的应急教育培训方案。在应急管理人才培养方面，应以能力培养为核心，不仅要进行专业知识和专业能力的培养，还应该通过实践和模拟训练，提升风险识别能力、环境适应能力和问题处理能力。

3. 建立和完善应急管理人才激励机制

针对应急管理工作的特点，我们应尊重应急管理人才的需求，对现有应急管理人才制度进行梳理、设计，建立系统的应急管理人才保障机制。建立有效、可行、公平的应急管理绩效评估系统，提高应急管理人才的生活水平，吸引人才，留住人才。对兼职、涉险、救援的应急管理人才应提供相应的保险，并发放风险津贴，改善工作环境和生活条件，让他们没有后顾之忧。建立和完善应急管理人才保障机制，提高精神激励层次，设立应急管理贡献奖励制度，增强应急管理人才的成就感和荣誉感。

4. 社会工作专业人才纳入应急管理人才计划

在汶川大地震与新冠肺炎疫情防控等应急管理中都有社会工作介入，社会工作专业优势得以发挥，并取得了非常好的效果。但碍于应急管理机制的不完善，社会工作无法更好地发挥自身功能。亟须将社会工作专业服务纳入应急管理体系，在制度上予以保障，只有这样，才能更好地发挥社会工作的作用。第一，实现社会工作对应急管理体系的合法介入。这需要进一步完善相关法律和制度，为社会工作介入应急管理体系提供保障。应在总结应急管理的实践经验的基础上，结合我国国情构建出高效合理的社会工作介入应急管理的机制。第二，以政府为主导，统筹协调，将社会工作纳入应急管理体系。社区应急管理体系建设本身就是一项复杂的工程，它需要国家不同的职能部门之间、各个子系统之间，以及不同功能的应急管理队伍之间的协调统一与共同合作。社区应急管理要以政府为主导，将专业社会工作介入作为重要的组成部分，提高社会工作服务在社区应急管理中的地位，发挥其资源整合与能力优势。第三，努力培养一支在危机发生前、危机发生中和危机发生后始终投入的社会工作专业队伍。要加强对专业社会工作者有关应急管理知识和实务技能的培训，提高现有专业社会工作队伍的危机意识和应急管理的能力。第四，专业社会工作服务科学地介入到社区应急管理的各个阶段。社会工作参与应急管理一般是分阶段进行的，在不同的阶段，受灾社区居民的心理及需求是不同的，社会工作介入和服务的内容也应有所改变。从社会工作的视角来看，危机发生前，重点是做好危机预防工作；危机发生后，重点是做好社区居民的救助工作，并在社会关系恢复与重建的基础上，逐步帮助社区居民恢复和重建遭到危机破坏的社会支持体系、社会服务体系、社会管理体系和社会保障体系，因而专业的社会工作对于危机以及受危机影响的社区居民系统介入和整体重建都具有重要意义。

二　加快应急管理人才培养与专业建设

应急管理是一项系统复杂且具有很强挑战性的工作，也是我们党执政能力和现代化治理体系建设的一项重要内容。做好应急管理人才培养和专业学科建设，既是提高我们党和政府风险应对能力和促进社会和谐的重要保证，也是应急管理工作先导性、基础性和战略性的一项工程。

我国应急管理人才培训与相关学科建设已初具规模，在一些大学创办了管理学院，开设了应急管理专业，并取得了一定的成效。同时，加大了对应急管理的宣传力度，提高了全社会对应急管理工作的认识，增强了各级政府管理能力、决策能力和沟通能力，减少了各种危机给人民生命财产带来的损失。但是我国应急管理的干部培训与学科建设还面临诸多问题，干部培训工作尚未形成完善的工作体系，培训内容缺乏科学设计和标准规范；培训方法的科学性、针对性和创新性与其他发达国家相比尚有差距。与此同时，应急管理还存在学科建设缺乏顶层设计、课程结构尚不完整、师资队伍结构配备失衡等问题。因此，我们必须高度重视应急管理的干部培训和学科建设。

1. 加强对党政干部的应急管理和法治培训，将风险管控以及应急法治知识纳入党政干部教育培训内容体系

应急管理中暴露出一些突出问题，其中包括科学依法决策和依法有效管控方面存在的软肋，一些地方和部门出现决策失序和执法失度，一些领域和方面出现过度管控和越权执法等问题。增强党政干部应急法治思维能力，是维护应急管理秩序和效力的必然要求。

2. 在高校相关专业增加应急管理方面的教学内容和课程，包括应急法学课程，着力培养应急管理和法治实践需要的专业人才

应急管理中存在的能力不足和专业人才短缺的问题，必须引起足够的重视。应当像重视卫生、科技人才一样重视应急管理人才，必须像重视应急管理制度完善一样重视应急管理人才培养。各高校要站在推进应急管理体系和应急管理能力现代化的高度，推进应急管理人才队伍与应急管理制度体系建设。具备条件的高校可以在法学、政治学、公共管理、社会学等本科专业开设卫生防疫法学、灾害应对法学、应急管理法学等课程，着重培养相关专业学生的危机和风险意识、应急管理知识、应急法治思维能力。符合条件的高校应当坚持引领学科交叉融合，从学科建设角度将应急法学纳入公法学体系，从人才培养角度将应急法学确立为宪法学与行政法学的学科方向，以应急法学科学研究为依托，以政治学与行政管理、社会学、法学相关学科交叉为支撑，开展应急法学方向的硕博士研究生教育，系统开设制度学原理、应急法学以及紧急状态法治、卫生健康法治、风险评估管控、基层治理法治、全球化与危机治理、新科技法律规制，还有数据法学、信息法学、人工智能法学等课程，着力于跨学科和专业交叉培养高水平复合型应急管理法治人才，致力于建设应急管理实践法治人才队伍。

科学合理设置应急管理培训内容与课程，重视对应急管理及相关领域

基础理论的培训与学科教育，关注对应急管理全流程的培训与学科教育，提供系统化的应急管理专业技能或一般技能培训，重视各有关部门内部及部门间的协同、互动与沟通能力的培训等。

3. 建立健全应急管理人才培养效果的评估机制，完善分类分层应急管理人才培养模式

第一，应急管理人才培养采取因需而异的培养模式。各地、各部门对从事应急管理工作的人才，可以通过短期培训来实现其知识和技能的提升；对于应急管理师资（培养人才的人），可以通过学位教育、学术进修、案例教学培训与挂职锻炼等方式提高其学术研究能力、实践应用能力和教学培训能力等；对于中高级应急管理研究人才的培养，应通过有关部门持续设立应急管理项目资助方式来实现。

第二，科学设定应急管理培训的重点内容。围绕贯彻落实党和国家应急管理工作的精神，学习国家应急管理有关法律法规，分析应急工作形势任务，了解国外应急管理经验，熟悉掌握应急预案和突发事件应急处置的程序和方法，学习应急指挥新技术设备和指挥手段等。

第三，强化应急管理人才快速决策能力。应急管理是国家治理能力的重要组成部分，承担基层社会防范化解重大安全风险、及时应对处置各类突发事件的重要职责，担负维护基层人民群众生命财产安全和维护社会稳定的重要使命，因此，要发挥我国社区应急管理体系的特色和优势，借鉴国外社区应急管理有效经验，积极推进我国社区应急管理体系和能力现代化。

第二节　建立社会工作应急管理的预测预警机制

一　美国应急管理的经验与启示

在美国，国家应急预案是针对各种紧急情况做出应急反应的行动指南，专为政府执行部门、私营机构、非政府组织领导人和从事应急管理的实际工作人员制定。该预案突出“未雨绸缪，防患未然”的理念，把应急

管理分为四个阶段，即缓解、准备、响应、恢复。第一，缓解阶段。通过建设防洪、防震、排污、减噪等防护工程和设施，鼓励国民、企业等积极参加各项保险，把灾害损失降到最低。第二，准备阶段。该阶段通过制定应急预案，定期开展突发事件的应急培训、演练，建立应急通信信息系统，起到预防在先，提前准备的作用，大大提高了突发事件的预测、预报效率，增强了防灾能力。第三，响应阶段。突发事件发生后，由联邦政府、州政府和地方政府的应急运行调度中心连续监控潜在灾害和紧急事件，并尽早启动区域运作中心。第四，恢复阶段。突发事件结束后，由联邦政府和州政府相关机构与灾区办公室共同确定最佳措施，尽可能修复或重建受损的设施。行动结束后，联邦协调官负责就突发事件具体问题做出总结报告，并提交国土安全部管理层，供日后参考。美国突发事件应急机制的特点主要表现在以下几个方面。（1）组织机构完备，职能明确。（2）高度重视预警系统建设。在各个领域内都设立了与本领域相适应的预警系统。（3）应急管理法律法规不仅完善，而且详尽。（4）应急处置的物资和技术系统支撑强大。

二　预测的含义

预测是通过对历史和现状进行科学的调查和分析，由过去和现在去推测未来，由已知去推测未知，从而揭示客观事物未来发展的趋势和规律。危机预测是指预先监测，即对突发事件的致灾因子及其表象进行严密的监视，进而收集信息，及早获知征兆，并通过风险评估来分析所得到的资料，对突发事件的可能性进行预测。

社会工作应急预测就是社会工作者通过专业知识，根据社区现状、居民需求，对未来将要发生的事件进行预估，目的在于提出更好的预警方案。

因此，预测的作用在于：（1）为制订一个切实可行的计划提供科学依据事实；（2）是避免决策片面性和决策失误的重要手段；（3）是计划的前提条件，又是计划工作的重要组成部分；（4）是提高应急管理预见性的一种手段；（5）是面向未来、做好预防准备、防止突发事件发生和发展的前提。

预测可以按期限、方法、范围进行分类。

（1）按期限分类

①长期预测：其期限一般在十年或十年以上。

②中期预测：其期限一般在五年左右。

③短期预测：其期限通常在一年或一年以下。

（2）按方法分类

①定性预测：在缺乏足够的统计数据或原始资料的条件下，以及在对某些影响因素难以量化的情况下，依靠预测者的知识、经验等做出的预测。

②定量预测：通过对数据的分析而进行的预测。

（3）按预测范围分类

①宏观预测：涉及全局或整体的预测。

②微观预测：指组织内的预测。

三　有关预测准确度的问题

（1）影响预测准确度的主要因素

①预测环境的多变性。

②预测的滞后性。

③预测资料的准确性。

④预测方法的适宜性。

（2）提高预测准确性的措施

①全方位、多角度地审视预测内容。

②提高数据资料的准确性。

③提高预测人员的水平。

四　建立预警机制

预警是应急管理过程中的一个重要环节，主要目的是将突发事件遏制在摇篮里，或增强对突发事件的处理能力、减少突发事件造成的损害。预警，顾名思义有“预先警告”的意思，在突发事件发生前，将通过预测所得的信息告知可能会受到威胁、影响的社区居民，向人们发出警报。

社会工作者的一个重要任务就是通过各种宣传活动，让社区居民树立危机意识，学习危机知识，掌握危机处理技巧，根据自己所处的社区环境，对存在的风险有全面的认知，以便及时采取有效的防御措施。

预警的前提即预测，预测表明的是一种行动、一种建议，预警则是说明将要发生什么，如何应对。因而，预警需要在预测的基础上才能清楚解释可能发生的突发事件，以及确定怎样才能有效处理。

预测与预警是相辅相成、相互影响的，所以有必要建立预警机制。

1. 预警机制的一般构成

预警机制的构成分为三个部分，除了监测、预警，还有响应这一程序，若将其细化则应该由信息收集、信息处理、预警发布、获得响应四个部分组成。

（1）突发公共事件的信息收集

信息收集是通过各种途径大范围地采集有关可能造成突发事件的各种信息，对其进行加工、整合，以便及时发现征兆，迅速做出反应，应对突发事件应尽可能地争取到充分的时间。突发事件的信息采集应该是多样化的，不仅仅是收集工具的多样化，还包括收集渠道的多样化。应急管理相关部门不仅仅依靠已经建立的属于自己部门的信息来源系统的信息，还需要了解来自其他渠道的信息，包括来自社会层面的各种信息、媒体报道的事件等。信息收集是一个复杂的过程，信息的数量大、种类多，但这并不意味着信息收集是盲目进行的。信息收集往往要明确监控突发事件的对象范围、时间要求、空间范围要求、收集方式要求和收集过程要求。

（2）突发事件的信息处理

突发事件的信息处理包括对信息的分析与预测、风险评估和应急决策。

第一，分析与预测。在收集了大量信息后，社会工作者要通过各种手段对信息进行筛选，丢掉虚假无用的信息，搜寻有价值的资料，以免对以后的判断造成误导。获得了基本信息之后，还需对其进行认真研究，透过现象看本质，分析各信息点之间的关系以及可能产生的问题，判断是否会发生突发事件、可能会产生的危害等。第二，风险评估。在预测了突发事件产生的可能性之后，社会工作者要对有关的具体信息进行系统的风险评估，以判定突发事件可能的风险级别。第三，应急决策。在确定了突发事件的风险程度之后，社会工作者按应急决策的程序对其做出决策，确定预警级别、发布时间、范围、对象、方式、特别注意事项和发布的机构等。①

(3) 突发事件的预警发布

在各种信息确定之后，相关应急管理部门一定要及时向社区居民发布有关突发事件的详细信息，通过广播、电视、微信、网络、宣传栏、警报器等方式或组织专人入户对特殊群体进行一一告知方式，将具体信息全面传播开来。并向社区居民警示可能会发生的情况和受到的危害，宣传相关应急知识，让社区居民学会自救和互助。

(4) 突发事件的响应

突发事件警报发布后，需要获得全方位的响应，从应急管理部门到社区居民，大家需要共同行动、彼此相互协作以更好地预防突发事件或尽量削弱其影响。

2. 建立完善的预测预警机制

预测预警是应急管理在突发事件发生前一个非常重要的环节，预测预警机制的完善在很大程度上能够有效促进应急管理。

(1) 健全预测预警的信息收集网络

应急管理预测预警机制的基础任务就是收集信息，而信息收集本身又是极其复杂的一个过程，若要保证预测预警机制能够充分发挥功能，则需建立完善的信息收集网络。诱发突发事件产生的因素有很多，并不是由单一的事情导致的，往往是多种关联因素相互作用的结果。应急部门在收集信息时，必须对可能引发突发事件的各种因素进行全面监测，不能有所遗漏且要保证收集到的信息的真实性，通过得到的信息对事情发展的程度和趋势进行正确的预测，而这都需要建立在完善的机制基础上。

(2) 建立并完善风险评估系统

信息收集的目的就在于将其进行整合、分析，从而分析出可能导致突

---

① 戚学森主编《民政应急管理》，中国社会出版社，2007。

发事件发生的一系列因素，突发事件的发生概率、可能产生的危害等，总体来说，就是要有利于做出正确的风险评估。应急管理机构在充分收集有关信息时，也要注重对这些信息进行综合分析，密切关注这些信息的动态，对不同时段、不同情况下的状态都进行及时准确分析。这样便能随时了解突发事件发生的概率、存在什么程度的风险等，给有关部门准备足够的时间来做好应对措施。

(3) 建立并完善预测预警信息发布制度

在对突发事件进行风险评估后，要及时向社区居民发布相关消息，在危机爆发前让社区居民真实了解可能会产生的威胁，增强社区居民的危机感，并传授相关应急知识，提升社区居民应对突发事件的能力。发布的预警信息应包括突发事件的类别、预警级别、起始时间、可能的影响、警示事项、应采取的应对措施、发布单位等。预警信息的发布、调整、解除可以通过广播、电视、手机、网络、宣传栏、警报器等方式或组织专人入户对特殊群体进行一一告知等方式，将具体信息全面传播开来。

预警信息的发布也是重要的一个环节，传播速度和准确性会对应急管理成效产生很大的影响。首先，考虑到社区居民拥有不同的受教育背景，警报的语言尽量简洁易懂，避免使用复杂、难懂的字词，要清晰传达信息，也要考虑到不同性别、民族、语言等因素。其次，警报的传递过程要多样化，但要有针对性。警报传递可以有很多途径，但要考虑能让可能受到突发事件影响的人群都接到警示，且传递的速度要快、准。最后，建立规范的警报传递制度。一般来说，警报信息的传递要有专门的应急管理机构来完成，这样既能在第一时间发布预警信息，又能杜绝谣言的肆虐。但是，一些民间组织和志愿者等机构或人员经过相关培训后，也可以为警报信息的正确传递发挥作用，相较之下，他们具有更好的亲和力，且分布广，可以更快地传播信息，当然前提必须是真实的信息。

(4) 加强社区居民应急预防教育

面对突发事件，很多人都容易陷入恐慌的状态，因此平日的危机意识教育很有必要。危机意识教育就是对有关人员进行增强危机意识和心理承受能力，以及如何面对突发事件等的相关危机处理知识的教育。社区危机教育并不能临时抱佛脚，而是要在平时就进行系统的教育，有素的训练会让有关人员在突发事件发生时能够保持冷静的态度并能及时做出正确的判断。

（5）提高社区居民危机应对参与度

预测预警信息的发布就是希望社区居民能够及时获得信息，重视即将出现的突发事件，并快速做出应对准备。如果没有社区居民参与，那么预测预警的一系列行动都将是失败的。提高社区居民的参与度就必须让社区居民意识到有关突发事件的真实性，首先让人们确信警报是可靠的，然后传达可能存在的影响、产生的威胁，让社区居民了解突发事件的发生会对人们自身造成一定的损失，自然就会引起必要的重视，从而做出响应行动。但是在传递过程中，要正确传达突发事件的发生概率、会造成损害的程度，避免出现参与度不高或过高的现象。①

第三节　建立灵活的应急沟通机制

危机事件发生后，应急处理工作一般是由政府设立临时机构，负责对政府组织（如公安、军队、消防、医疗、教育等部门）和非政府组织（如国际救援团体、民间组织、志愿者等）进行统一调配，目的是在最短时间内使不同部门、地区、专长的团队默契配合，协同应对。然而在应急处理现场，由于应对危机处理的队伍来自四面八方，由各个单位临时组建，首要的问题是如何能够统一协调作战。在一线处理现场，任何方向性的错误（如应急救援人员理解不透彻），都会导致直接伤亡和事故扩大化，造成不可挽回的损失。因此，灵活的应急沟通是成功实现危机处理的前提。沟通是人与人、人与群体之间思想、感情的传递和反馈的过程，以求感情通畅、思想达成一致。19 世纪初，被誉为科学管理之父的美国人泰勒就提出了管理中上下沟通的重要性，他试图通过组织结构的设计保证对下沟通，以确保命令下达的准确性和实施的效率。② 1948 年，社会系统学的美国管理学家巴纳德指出，作为正式组织的协作系统包含 3 个基本要素，即协作

① 王宏伟编著《应急管理导论》，中国人民大学出版社，2011。

② Taylor, *The Principles of Scientific Management* (New York: Harper Bros, 1991).

意愿、共同目标和信息的沟通。[①] 可见沟通在危机处理中的重要作用。灵活沟通已成为提升组织核心竞争力的最重要因素之一，管理沟通学的研究也进入了成熟阶段。人们对管理沟通的研究取得了很大成就，各种关于管理沟通的专业研究书籍大量问世。美国管理学大师托马斯·彼得斯[②]提出了管理的八条原则，指出管理界到处充满着感情用事的人且他们是通过直觉来进行管理和决策的。彼得斯提出了两条激发人潜力的途径：一是所有的人都是以自我为中心的，从来自他人的赞扬中感到快慰；二是大多数人在寻求安全感时，好像特别乐于服从权威，沟通将两者有效结合。从西方的沟通管理学说研究可以看出，理解与认同是任务成功完成的前提，积极的沟通不仅可以使工作有效执行，而且可以减少由领导者主观判断失误导致的决策错误。在突发事件中，如果领导者不注重沟通渠道的建设和管理，缺乏指令下达的反馈机制，将导致上下沟通不畅。在危机情境中，若出现多头领导，就更会造成指挥失误，后果将非常严重。所以危机应对人员理解能力和能否达成共识是成功实施危机应对的关键，沟通更是关键中的关键。[③] 在以任务为导向的组织中，沟通是“使战略渗透到每个人的工作细胞”的关键因子。红色军旅作家李凯城在《用思想打造执行力》一书中提出要向解放军学习建立思想沟通机制，解放军强大的思想沟通机制让队伍理解命令并执行。[④] 综上所述，灵活沟通应建立在三个层面上，首先是对危机的认知层面，其次是对危机的理解层面，最后是对危机的处理层面，三个层面因素的共同作用才能使危机应对工作顺利完成。

灵活的应急沟通机制是危机应对整体协作的保障，如果缺乏沟通机制，社会的资源将很难被有效地调动起来，应急指挥机关的指挥也很难顺畅地传达下去。建立灵活的应急沟通机制可以使政府及时了解突发事件的进展，掌握最新的动态，为中央统筹整个国家应对、处理突发事件提供及时、准确的信息。快速反应的沟通机制还可以保障应急指挥机关的指令能

① C. I. Barnard, *The Functions of the Executive* (New York: Harvard University Press, 1948).

② T. J. Peters, R. H. Waterman. *In Search of Excellence* (New York, Harper Collins Publishers, 1982), pp. 39 – 55.

③ 李思恩：《沟通力——执行的关键在于沟通》，中国民族摄影艺术出版社，2008。

④ 李凯城等：《用思想打造执行力》，当代中国出版社，2011。

够顺畅、快速地传达，有利于稳定社会的秩序，控制突发事态的继续发展，调动社会各方力量参与突发事件处理。它可以形成清晰的指挥链，实现指令的迅速传递，这是应急机制取得成功的重要保证。

第四节 建立社区安全隐患排查机制

安全隐患是指可能导致事故发生的原因和状态，包括人的不安全行为、物的不安全状态以及安全管理上的缺陷等，这些都是引发安全事故的直接原因。

一 建立社区安全隐患排查制度

为加强安全生产事故隐患的排查和管理，确保辖区企业、单位安全生产，保护职工在生产过程中的安全与健康，全面实现社区安全生产目标，需要制定安全隐患整治管理制度。

隐患排查是指有关部门组织安全生产管理人员、工程技术人员和其他相关人员，对本单位的事故隐患进行排查，并对排查出的事故隐患，按照等级进行登记、分析，建立事故隐患信息档案的工作过程。

隐患治理就是指消除或控制隐患的活动或过程。包括对排查出的事故隐患按照职责分工明确整改责任，制订整改计划、落实整改资金、实施监控治理和复查验收的全过程。

社区安全隐患排查制度是为了建立社区安全事故隐患排查治理长效机制，强化居民家庭、企事业单位主体责任和街（乡镇）和居（村）监管责任，加强安全事故隐患监督管理，防止和减少伤害和事故发生，保障社区居民生命财产安全，根据国家有关法律、行政法规而制定的制度。

1. 社区安全隐患排查主体

居民家庭、企事业单位是本家庭、本单位安全事故隐患排查治理和防控工作的责任主体，家庭户主和企事业单位负责人对安全事故隐患排查治理和防控工作全面负责，建立安全隐患排查制度。

2. 社区安全隐患排查的监管

街（乡/镇）安监办公室按照各自的职责对所辖区域内居民家庭、企事业单位排查治理隐患工作依法实施综合的监督管理；居（村）委会在各自职责范围内对所辖区域内居民家庭、企事业单位排查治理隐患工作实施具体的监督管理。

3. 社区安全隐患排查的报告

任何单位和个人发现社区安全隐患，均有权向街（乡/镇）有关部门报告。街（乡/镇）有关部门接到社区安全隐患报告后，应当按照职责分工立即组织核实并予以查处；发现所报告的安全隐患应当由其他有关部门处理的，应当立即移送有关部门并记录备查。

4. 社区安全隐患排查的治理

街（乡/镇）、居（村）和企事业单位应当建立健全事故隐患排查治理和建档监控等制度，逐级建立并落实从主要负责人到每个从业人员的隐患排查治理和监控责任制。

5. 社区安全隐患排查的台账

隐患排查按照居民家庭和企事业单位自查、街（乡/镇）和居（村）检查、政府督查、社会监督的原则进行。各居民家庭和企事业单位定期进行一次隐患排查，街（乡/镇）、居（村）要每月组织一次隐患排查，并建立社区安全隐患台账，及时发现，及时处理。

6. 社区安全隐患排查的管理属性

按照“谁使用谁负责、谁主管谁负责”的管理属性原则，及时整改治理隐患。对一般安全隐患，能马上整改的要立即整改；对危害和整改难度较小，发现后能够及时整改的一般隐患，街（乡/镇）、居（村）有关部门应立即下达安全隐患整改指令书，督促整改，整改限期一般不超过30日；对于危害和整改难度较大，需要经过一定时间整改治理方能排除的隐患，或者因外部因素影响而居民家庭和企事业单位自身难以排除的重大事故隐患，街（乡/镇）、居（村）有关部门应及时下达重大事故隐患整改指令书，督促落实应急防控措施、整改治理单位、整改治理责任人员、整改治理资金、整改治理完成时间“五落实”，并监督整改，整改期限一般不超过180天。

7. 社区安全隐患排查的督办

街（乡/镇）有关部门确认的重大事故隐患，应报上一级政府有关部门确认后实行挂牌督办，隐患主体单位须制定具体整改方案，其整改方案必须报上一级政府安委会办公室及行业主管部门备案。

8. 社区安全隐患排查的注销

隐患主体单位对安全隐患整改后，向街（乡/镇）有关主管部门提出隐患销案申请，街（乡/镇）有关部门接到申请10日内，组织审核验收，认为符合安全条件可以销案的，经安全隐患主体单位、隐患验收部门在销案表上盖章签字后，报上一级相关部门销案。

二　社区安全隐患排查的措施

第一，对查出的安全隐患，做到“四定”，即定人员、定措施、定时间、定经费，确保安全隐患整改落实，并对整改落实情况验收备案。生产经营单位是安全隐患排查、治理和防控的责任主体，生产经营单位主要负责人是本单位隐患排查治理工作的第一责任人。

第二，对暂时不能整改的安全隐患，要采取强制性防护措施，并分别纳入技术措施安排、检修计划内，落实限期整改。

第三，对安全隐患整改不力的单位发出限期整改通知书，限期进行整改，对整改不力、拒不整改的呈报上级主管部门，因拖延整改而造成事故的按规定追究责任，严肃处理。

第四，对个别重大安全隐患，因多方因素暂时不能整改的，要及时上报，争取上级部门的帮助，且尽快解决。

第五，凡不按要求及规定标准落实安全隐患整改任务的企事业单位、生产经营单位或业主，且因整改不到位而造成不良后果的，将依照有关法律法规进行处理，直至追究法律责任。

第五节　建立社区应急管理问责机制

目前，社区安全事故频频发生，在应急管理中，政府责任主要表现为事故预防责任和事故救援处置责任。建立事故应急管理中的问责机制，真正做到依法问责，是有效减少安全事故的重要措施之一。

一　问责制度建设

完善的问责机制必须有统一的制度安排，社区应急管理问责机制的启动要有明确的规范，不能受非制度性因素的影响，随意启动。问责机制要理性，不能随意受到社会环境、大众舆论和其他外来压力的影响，要严格根据问责机制的规定来追究相关人员的责任。科学合理的问责机制的重要意义不仅在于它处罚失职人员的善后处理功能，更重要的是，问责机制可以发挥教育功能，惩教结合，增强相关部门主要负责人员的责任意识，有效预防突发事故的发生。问责机制也有助于赢得责任各方的尊重，防止事态的升级、恶化，维护社会的稳定。

安全生产一直是党和政府高度关注的重要工作，我国也颁布了众多安全生产法律法规，但为何人为责任事故还是屡屡发生？原因是多方面的，但政府监管、责任追究、相关人员责任意识等是重要的因素。

1. 社区应急管理中的政府责任

社区应急管理是政府责任的表现形式之一。《中华人民共和国突发事件应对法》中第六十三条规定了地方各级人民政府和县级以上各级人民政府有关部门在事故应急管理中的预防责任，有下列情形的依法给予处分："未按规定采取预防措施，导致发生突发事件，或者未采取必要的防范措施，导致发生次生、衍生事件的。"第四款规定了以下处置不当等的情形，"未按规定及时采取措施处置突发事件或者处置不当，造成后果的"。在事故应急管理中，政府未履行上述预防责任和救援处置责任的，由上级行政机关或者监察机关责令改正并且根据情节轻重对直接负责的主管人员和其他直接责任人员依法给予处分。具体来说，政府在事故应急管理中的预防责任和救援处置责任主要规定在《中华人民共和国安全生产法》中，因为预防事故就是为了保障安全，保障安全生产。

2. 政府在社区事故中的预防责任

地方人民政府要贯彻"安全第一，预防为主"的方针，一方面，要依法履行安全生产监督管理职责，根据本行政区域内的安全生产状况，组织负责安全生产监督管理的部门及有关部门按照职责分工，对本行政区域内容易发生重大生产安全事故的生产经营单位进行严格检查；发现事故隐患，应当及时处理。另一方面，要做好特大事故的应急救援的物资储备和人力保障工作，尽可能减少事故造成的人员伤亡和财产损失。①

3. 政府的社区应急处置责任

应急处置的工作内容之一是在事故发生后，相关部门和专业人员对受到伤害的人员进行抢救的过程。《中华人民共和国安全生产法》规定了各级人民政府的应急处置责任：有关地方人民政府和负有安全生产监督管理职责的部门的负责人接到重大安全生产事故报告后，应当立即赶到事故现场，组织事故抢救，开展有效的应急处置工作。

二　问责机制建立

虽然事故的发生不是人的意志可以控制的，但很多事故却是由人为原因而引发的，这种由行为人违反义务和职责等因素造成的事故就是责任事故，应当予以问责。事故问责作为事故应急管理中善后处理的重要一环，是对事故相关责任人的责任追究，但其地位和意义却远远超出了事故善后的范围。事故问责要贯彻《关于实行党政领导干部问责的暂行规定》第三条中提到的坚持惩教结合的原则，问责的目的不在于惩罚，而在于吸取教训，教育广大领导干部，树立责任意识和安全生产意识，更好地预防类似事故的再次发生。

1. 直接责任及其问责

直接责任是行为人或法人单位对自己违法违规行为所引起的后果，依法应当直接承担的责任。任何法律关系主体均应对自己的行为负责，并直接承担后果；谁的行为造成不法侵害，就由谁直接承担责任，不得由他人“替罪”。

发生事故的单位属于国有企业、国有金融企业的，适用《关于实行党政领导干部问责的暂行规定》，如第二十四条规定：“对县级以上党委、政府直属事业单位以及国有企业、国有金融企业领导人员实行问责，参照本

① 卞耀武主编《中华人民共和国安全生产法释义》，法律出版社，2002，第149页。

规定执行”。在安全生产事故发生后，事故责任单位应当迅速组织营救，积极配合调查，主动承担责任。《关于实行党政领导干部问责的暂行规定》第九条规定，党政领导干部主动采取措施，有效避免损失或挽回影响的；积极配合问责调查，并且主动承担责任的，可以从轻问责。《中华人民共和国安全生产法》规定了各级人民政府及其安全生产监督管理部门负有安全检查、监督管理职责。《关于实行党政领导干部问责的暂行规定》第五条第三款规定政府职能部门管理、监督不力，在其职责范围内发生特别重大事故、事件、案件，或者在较短时间内连续发生重大事故、事件、案件，造成重大损失或恶劣影响的，应当实行问责。

法律责任也是典型的直接责任，比如刑事责任、行政处分等。根据《关于加强行政机关与检察机关在重大责任事故调查处理中的联系和配合的暂行规定》第二条的规定，检察机关参与事故调查，其主要职责是查清特大责任事故背后的失职渎职行为，对构成犯罪的涉案人员，将依法追究刑事责任。

2. 间接责任及其问责

间接责任是指法律关系主体依法对与其有特定联系的他人之行为应当承担的责任。在行政问责法律关系中，党政领导干部对其下属公职人员的失职行为，由于连带关系而向民众和社会承担的领导责任，属于间接责任的范畴。此外，领导干部手中的公共权力来自人民的委托，基于权力委托关系，领导干部没有运用好人民赋予的公共权力，没有完成为人民服务的崇高道德要求，理应承担责任，因此，道德责任也属于间接责任的范畴。

3. 行政责任及其问责

行政问责不同于党纪政纪处分和刑事责任追究，其主要解决的是政府公务人员政治责任和道德责任追究问题，也就是说，行政问责是将政治责任、道德责任的追究制度化、法制化，使其具有较强的可操作性和规范性。

行政问责体系中的道德责任是指“政府及其公务员依法行使公共权力，从事公共事务管理时必须承担道德意义上的责任”。[①] 这就要求政府机

① 郑振宇：《行政道德责任：建立责任政府的关键》，《理论与改革》2002 年第 6 期。

关工作人员要清廉、正直、真诚、不谋私利，要以尊敬、关怀、谦恭、回应的态度，为社会大众服务；道德责任属于一种内在约束机制，虽然政府及其公务人员不违法，但如果行为违背其应尽的道德义务，或者与其公职身份不符，与社会善良风俗有悖，就应当承担不利后果。比如否定性评价、道德谴责、赔礼道歉、失信补偿、引咎辞职等。[①]《关于实行党政领导干部问责的暂行规定》中的责令公开道歉是道德责任的典型问责方式之一。道歉是为了以诚恳的姿态取得公众的谅解，给作为公共权力主人的人民一个交代，真诚地检讨自己的错误，是对民意民声的回应，也是人民政府坚持“以人为本”的具体表现。总之，行政问责在事故应急管理中的重要意义不仅在于它处罚失职官员的善后处理功能，更重要的是，行政问责可以发挥惩教功能，教育广大官员提高责任意识，有效预防类似事故的发生。

4. 政治责任及其问责

政治责任是指政府官员履行制定、推动和执行公共政策的职责，必须符合公共利益，符合民意，在没有履行好这些职责时应当受到谴责和处理。[②] 领导责任是典型的政治责任，是指有关领导人员承担的与领导工作职责相关的责任。领导干部对组织的行为负有总的政治责任，领导干部既要对自己的行为负责，也要对其下属机构及一般公务人员的违法或失职行为负责。行政组织的行为不管具体由谁所为，领导干部都要对其承担一定的政治责任。《关于实行党政领导干部问责的暂行规定》第五条规定的问责情形中，第二款为因工作失职，致使本地区、本部门、本系统或者本单位发生特别重大事故、事件、案件，或者在短时间内持续发生重大事故、事件、案件，造成重大损失或恶劣影响，第三款为政府职能部门管理、监督不力，在其职责范围内发生特别重大事故、事件、案件，或者在短时间内持续发生重大事故、事件、案件，造成重大损失或恶劣影响。

---

① 高元庆：《政府道德责任的内涵、特征及价值取向》，《四川行政学院学报》2004 年第 3 期。

② 张贤明：《论政治责任——民主理论的一个视角》，吉林大学出版社，2000，第 15 页。

第六节　建立应急物资的保障机制

突发事件指突然发生，造成或可能造成严重社会危害，需要采取应急处置措施予以应对的自然灾害、事故灾难、公共卫生事件和社会安全事件。这时的应急物资保障工作十分重要，应急物资供给带来应急物流的产生。应急物流为突发事件提供应急物资，应急物流是保障应急物资的核心环节。因此，研究应急物资体系，提高物流系统应急能力，具有理论和实践意义。

我国现有的应急法规中关于应急物资的筹备、应急场所的建设、应急资金的来源、应急人员的培训、应急演练的效果和规模等都没有具体的规定。因此，加强应急物资的保障机制势在必行。

一　应急物资的分类和储备体系

1. 应急物资的分类

应急物资，按照用途可分为生命支持类、交通运输类、防护用品类、照明设备类、工程材料类等十三类；按照突发事件的性质可分为自然灾害类、事故灾难类、公共卫生类、社会安全类、经济安全类五类；按照使用紧急程度分为特别级、重大级、严重级和一般级四类。特别级指挽救生命财产重大损失、稳定局势免遭重大影响所需要的物资；重大级指突发事件严重，对社区居民生产、生活安全带来一定的影响，所需要的一定物资；严重级指对减轻灾害损失、缩小灾情范围非常重要的物资；一般级指有利于灾害救急、减轻灾害的损失且必要的物资。按照使用范围，应急物资可分为通用类物资和专用类物资，通用类物资适合一般情况下救灾工作的普遍需要；专用类物资则视具体情况而定。[①]

2. 应急物资储备体系

从社会角度看，应急物资包括政府、企业、市场、非政府组织等储备

① 郭子雪、齐美然、张玉芬：《提高河北省突发事件应急处置能力的对策》，《保定学院学报》2011 年第 2 期。

的物资。政府储备是应急物资储备体系的核心，突发事件发生时政府能在第一时间把应急物资调往事发地点，最大限度地减少损失；企业储备是应急物资储备的重要组成部分，政府通过出资的方式委托企业进行应急物资储备或者企业根据自身风险特征自行储备物资；市场储备是将市场流通的应急物资纳入应急物资储备中；非政府组织也进行了必要的应急物资储备，但因起步较晚，储备的种类和数量远远不能满足需要。①

3. 社区应急物资储备模式

应急物资储备分为实物储备、生产能力储备和合同储备。实物储备是将应急物资以实物形式储存在仓库中，突发事件发生时可随时调用。生产能力储备是通过和企业签订协议，确保突发事件发生时企业能按协议要求迅速生产、转产或研制救灾物资。合同储备是通过与已有物资的部门或单位签订合同，确保突发事件发生时能调用这些物资。

二　社区应急物资储备体系建设中的问题

1. 储备分散，缺乏统筹管理

我国应急物资储备机构尚未统一，不同系统和灾种间存在独立管理、缺乏协调、重复建设等问题。除此之外，应急物资储备的主体是市级和突发事件易发的县级人民政府，客观上造成地区间储备的差异。

2. 储备数量和种类不足

应急物资储备的数量和种类有时不能满足救灾需求，应急物资储备的布局也不合理；地方缺乏足够的物资储备，储备的数量和种类不足，甚至大多数县级政府尚未进行应急物资储备。②

3. 储备设施和手段落后

由于应急仓库的建设资金由地方自筹，受到资金的限制，大部分应急救灾储备仓库的建设尚不完善。此外，储备物资管理的信息化程度较低，缺乏救援物资的信息系统数据库，不同地区互联互通困难，难以实现对突发事件的快速反应。

---

① 张永领：《我国应急物资储备体系完善研究》，《管理学刊》2010 年第 6 期。

② 杨文娟：《区域应急物资储备研究》，硕士学位论文，北京交通大学，2009。

4. 相关法律规范不完善

目前，我国尚未形成完善的应急物资法律法规和政策，现有法规涉及面有限，空白较多且针对性不强。大多法规仅规定了各级政府及相关部门的职责，没有延伸到社会组织、企业和个人。

三　应急物资保障的要求

1. 突发事件物资的时效性要求迅速保障

突发事件应对的物资保障以准备时间最少、距离最短为首要原则。突发事件发生后，需要在第一时间施与救援，若事态扩大，很有可能造成不可估计的损失。同时突发事件应急物资保障具有很强的整合性。突发事件应急管理不是一个部门或者一个机构的任务，而是全社会共同的责任。当有关部门在应对过程中，既有的应急资源不能及时、有效地满足应急需要时，可以依法紧急征用社会其他部门以及相关人员的资源，社会其他部门和相关人员也有责任提供相应的资源。

2. 突发事件物资的基础性要求有效保障

首先，物资保障是突发事件应对的基础。在应急管理中，向事发地点及时提供充足的应急资源是应急管理的一项重要职能。应急物资及时快速到达是有效应对的重要保障，有了充足的物资保障，才能保障应对突发事件工作的顺利完成。其次，突发事件应对的物资保障涉及公民生命财产的安全与社会的稳定。可以说，应对物资保障是应急状态下社区居民的生命保障线。

3. 突发事件应急物资的重要性要求高度保障

突发事件一旦发生，就会立即成为国际国内关注的焦点，大量新闻工作人员聚集现场，全程报道威胁的每个细节、行动的每个过程；国内、国际各种力量参与其中，使政府在应对突发事件行动中对社会媒体是透明的。这就要求政府部门善于利用各种资源，严密细致开展各项物资保障工作。

四　完善应急物资储备体系的途径

1. 健全应急物资联动机制

政府部门要建立应急物资调运的联动机制，确保储备在各部门的各类应急物资能够快速有序地参与救援。社区之间通过应急物资联动机制提高物资的使用效率。相邻地区可根据应急物资需求的相似性联合储备物资，确保突发事件发生时可紧急调用物资。整合资源也是社会工作专业技能之一。

2. 完善应急物资管理体系

优化应急物资储备体系，确定各级政府应急物资储备的比例关系，统筹安排政府、企业和其他社会组织的应急物资储备工作，有效配置应急资源。选择合适的储备方式，力争以最小的投入换取最大的社会效益。①

3. 完善应急物资储备设施

充分利用现有仓库资源，调剂仓库容量余缺，合理利用有效配置，对物资储备仓库布局进行统筹规划。以信息网络为支撑，建立信息共享的大物资储备体系，加强物资储备监测、突发事件监测、预警信息发布，确保应急物资及时调拨供应。②

4. 健全应急物资法律保障

在法律上明确应急物资运转过程中政府、企业、社会等各参与主体的责任和义务，制定物资流通标准，鼓励物流企业发展应急物流项目，推动应急物流社会化，通过制度建设引导和推动应急物流各领域的工作。

第七节　建立应急管理法制机制

应急管理机制是人类在应对突发事件的过程中不断积累、沉淀下来的相对固定的策略和方法，应急管理法制的本质就是应急管理机制主体内容的法律表现形式。

一　应急管理法制的内涵

应急管理法制作为一种法律制度范畴，是相对于一般状态情况而制定

① 刘利民、王敏杰：《我国应急物资储备优化问题初探》，《物流科技》2009 年第 2 期。
② 张红：《我国应急物资储备制度的完善》，《中国行政管理》2009 年第 3 期。

颁布的法律、法规。应急法律体系是社会整体法律法规体系的重要组成部分，它是为应对突发事件而制定的各种法律、法规、制度、法令、条例、办法、标准的总称，与其他法律法规相比，应急法律体系有其独特的特点。

二　应急法律法规体系的特点

应急法律法规体系有以下特征：权力优先性、紧急处置性、程序特殊性、社会配合性、救济有限性。①

1. 权力优先性

在应急处置的特殊情况下，与立法、司法等其他国家权力，法定的公民权利相比，应急处置时权力具有某种优先性及更大的权威性。

2. 紧急处置性

由于突发事件的突发性、威胁性，在突发事件处置期间，需要保证政府相关部门以最快的速度采取最恰当的应对措施，在非常时期需要法律赋予行政应急权力。但是，当法律并未为某些特殊情况做出相应的规定时，政府相关应急部门也可以进行应急处置，避免对公共安全和利益产生更大的危害。

3. 程序特殊性

程序特殊性是指，在处置突发事件时，可以遵循一些特殊的法定程序，如可以通过简易程序紧急出台某些政令和措施。

4. 社会配合性

应对突发事件，并不只是政府相关部门的责任，还需要社会各界的共同参与和努力。

5. 救济有限性

突发事件产生的危害是多样的，但应急管理法规会更注重对社会公共利益的保护，因而在某些特殊时刻会限制一些公民的个人权利，并要求公民承担相应的义务。

---

① 张沛、潘峰编著《现代城市公共安全应急管理概论》，清华大学出版社，2007。

三　我国应急管理的立法现状及存在的问题

1. 我国应急管理的立法现状

2003 年“非典”疫情的暴发，使政府和社会开始高度关注应急管理法制的建设，经过三次审议、修改，2007 年 8 月 30 日，第十届全国人民代表大会常务委员会第二十九次会议通过了《中华人民共和国突发事件应对法》，同年 11 月 1 日正式生效。该项法律主要规定了突发事件应急管理体制，突发事件的预防和应急准备、监测和预警、应急处置和救援、事后恢复与重建等制度。这是一部规范应对各类突发事件共同行为的重要法律，也是新中国成立以来第一部为应对各类突发事件而制定的综合性法律，为有效实施应急管理提供了更加具体的法律依据和法制保障。

除了这一部综合性的法律，我国还有不少涉及应急管理的单行法律法规，如战争状态法律法规、灾害性突发事件法律法规、事故性突发事件法律法规、公共卫生类突发事件法律法规等。这些单行法律法规构成了以《中华人民共和国突发事件应对法》为核心的我国突发事件应急管理法规体系。

2. 应急管理法制存在的问题

尽管我国已有不少应急管理的法律法规，但是不可避免地在一些领域还存在应急管理法律法规不健全的情况，而且很多应急管理立法的可操作性也存在问题。在突发事件发生过程中，重视事中的处理，却忽视了预防和恢复重建工作；组织管理上看重领导与被领导的关系，却忽视了横向机构之间的合作与监督；一些应急管理法律法规不能执行到位，且一些行政机关突发事件处理能力不够强；在突发事件处理过程中，忽视了社会力量，不能充分发挥民间组织和志愿者的作用；等等。

3. 社区应急管理法制的缺失

我国应急法规体系在发展过程中还存在的不足之处是在社区应急管理层面上法律法规的缺失，我国现行的应急法律法规缺少针对社区应急管理工作层面的内容，造成社区应急管理在应对突发事件过程中出现各种各样的问题，如对社区单位缺乏足够的约束力或者只一味按上级条文行事，不能因地制宜等。虽然国家已比较重视社区应急管理能力的建设，已在《国家突发公共事件总体应急预案》中提出“加强以乡镇和社区为单位的公众应急能力建设，发挥其在应对突发公共事件中的重要作用”，《中华人民共和国突发事件应对法》也对社区应急管理的职责、任务等做出了相应的规定，但总体说来，我国在社区应急管理法制建设方面还存在可操作性不强等问题。

我国有很多城市社区相关的法律法规，但针对社区应急管理的法律法规还严重缺失，《中华人民共和国突发事件应对法》中提到的是原则性的条款，具体还有待细化。作为城市社区的自治组织，居委会在社区应急管理中的法律地位也并不明确，《中华人民共和国城市居民委员会组织法》并未明确提出社区居委会拥有社区应急管理的权力，因而其职责不清、权利义务不明，在社区应急管理过程中难以发挥应有的作用。

四　加强社区应急管理法制建设

1. *完善社区应急管理法律法规*

由于我国目前还没有专门出台针对社区层面的突发事件的法律法规，所以在社区突发事件处理时缺乏法律支撑，因而迫切需要完善针对基层社区的法律法规。未来我国应在社区应急管理经验的基础上，积极推进社区应急管理法制的进步，且在以后相继出现的有关社区应急管理的法律法规中，应明确各级政府、组织、公民的职责和义务，规范协调机制，规定突发事件应急管理的基本原则、救助范围和形式，尊重社区规范并正确引导居民。

2. *依法规范政府、社会组织的权利和义务及相互关系*

社区应急管理，首先要明确各相关组织的职能范围，以便分配工作，有效处理突发事件，应规定政府、企业、民间组织、社区居民各自的权利。针对防灾减灾和应急管理的需要，发达国家普遍规定了政府、社会团体乃至公民个人的权利、职责和义务，强化了“自救、互救、公救”相结合的合作关系，明确了基层居民自救互助的职责，以保障基层工作依法、有序地开展。第一，扩大社区居委会协调权。凡社区里有关社区建设、公共管理、公共服务的政府部门派出单位，以及社区医院或社区卫生服务中心、企事业单位、社会团体等，居委会有权予以综合协调和整合资源。第二，完善专业队伍组织建设。社区应急组织管理体系的完善是有效应对各类突发事件的基本组织保证。第三，依法保障社会组织的参与权。推动并保障社会组织积极参与应急管理。

第八节　发达国家的应急管理机制

当一个国家遭遇公共危机时，各种批评会伴随着突发事件不期而至。2005 年 8 月 29 日，卡特里娜飓风登陆美国路易斯安那州和密西西比州；1995 年 1 月 17 日，日本关西地区发生了 7.3 级的阪神大地震。这让美国、日本这样救灾机制相对健全、国力较强的政府遭到了社会对其救灾不力的激烈批评。但中国政府在 2008 年“5・12”汶川地震中举全国之力的赈灾意志和行动却让世界大吃一惊，中国政府赢得了世界媒体一致的正面评价。

（一）美国公共危机预警机制

1. 完善的法律支撑体系

突发事件应急管理的首要工作是制定相关的法律法规，统一规定政府在处理突发事件中的职权和职责，确定依法对抗紧急状态和突发事件的法治原则。

美国基本建立了以《国家安全法》、《全国紧急状态法》、《反恐怖主义法》和《斯坦福法》为核心的社会安全综合法制体系。这些法律相互补充，统筹兼顾，有效地引导美国政府建立法制化的危机应对体系。并且，完备的社会安全法制体系可加强危机预警机制的有效运行，防止政府人员以权谋私，最大限度地保护公众的生命财产安全等。

2. 完善的公共应急管理队伍

发达国家的公共危机组织机构一般都较为完备，设置了专门的政府应急管理机构。如美国联邦紧急事务管理局负责日常的公共危机预警工作，它在中央政府、地方政府、私人商业部门和社区志愿者之间起着非常重要的桥梁作用，是危机预警中的重要决策、协调、指挥和执行机构。这样的公共危机组织机构从中央到地方，层次分明，结构完整，可在危机发生时，迅速反应与决策，保证常态下危机预警的顺利进行。除政府拥有完备的组织机构外，还要充分发挥社会各方面力量的作用，提高公共危机处理效率。

3. 完善的公共危机预警管理体系

美国早在20世纪70年代就建立了以总统为核心的应急管理体系，组成具有针对性的中枢指挥系统。该体系以整体治理能力为基础，通过法制化的手段，将完备的危机应对计划、高效的核心协调机构、全面的危机预警网络和出众的社会应对能力包容在里面。谁收集危机信息，谁发布预警消息，谁制订应对计划以及众议院、参议院对总统如何授权，部门之间如何协调等，都有章可循。在美国应急管理体制的运作中，发挥着重要协调作用的核心机构主要有美国联邦紧急事务管理局、联邦调查局、中央情报局、国家安全委员会及一些辅助性研究机构。

4. 完善的公共危机预警网络

发达国家大多在公共危机预警上配备先进的信息化设备，使政府能对危机做出迅捷的反应，提高处置公共危机的效率。另外，信息传递更不易受干扰，从而确保信息的真实性，提高管理者对公共危机信息判断的正确率。为提高政府的危机预警能力，使公共危机预警工作高效进行，发达国家对预警设备的配置非常重视。在美国，已基本形成覆盖全国的纵向垂直协调管理、横向相互沟通交流、信息资源和各种社会资源（如志愿者组织、私人机构、国际资源等）充分共享、指挥协调有效的危机预警网络。以公共卫生方面的预警网络为例，在平时的传染病预防上，美国设有负责预报和监测传染病的“传染病监测网络”、保证及时了解各地传染病发生情况的“与州和地方公共卫生部门伙伴关系网”及了解国际传染病暴发和蔓延情况的全球移动检疫网络。

5. 完善的公共危机培训体系

国外发达国家都非常重视对社区居民危机意识和安全文化素质的培养，甚至不惜花费巨资对社区居民进行经常性的国民公共危机意识教育和危机应对技能培训，还注重广泛应用各种现代化的手段和设施，来提高教育和培训的质量。国外在公共危机方面的宣传教育工作做得非常扎实，针对性和操作性非常强。如，美国联邦紧急事务管理局将可能暴发危机的地址进行统计，并印发给各级政府部门、社会各类组织和公众；有专门的教育系列片，宣传一些基本的危机常识和自救技能等；有专门的网站，用于发布危机预警、应急知识等；有专门的紧急信号台，用于发布危机警报讯号，并随时通知灾害情况等。这些宣传教育工作的大力实施有效地提高了社区居民的危机意识和危机应对技能，有利于降低危机的破坏程度。

（二）日本健全的防灾救援机制

日本1978年颁布的《大规模地震对策特别措施法》对地震的预防、应对措施、相关责任部门等都有详细规定。如该法规定一旦预测到大地震，在发生前两三天，首相即亲自发表《警戒宣言》，政府必须立即启动全面避难救援措施。该法使日本各级政府部门进一步明确了自身的权责，提高了人们的公共应急能力，大大减少了地震等自然灾害对社会造成的破坏。

日本为防备将来发生重大公共危机事件，由官房长官负责建立了内阁安全保障室，形成了日本政府的危机预警管理体系。内阁官房不仅建立了安全保障室，还设立外政审议室、情报调查室。在这一体系中，以内阁首相为最高指挥官，由内阁官房（负责各地区相应部门的协调）来负责总体协调、联络工作，通过安全保障会议、阁僚会议、内阁会议、中央防灾会议等决策机构制定危机对策，由警察厅、海上保安厅、消防厅等部门根据具体情况予以配合，形成了以官房长官为领导的高效率、立体式的危机预警管理体系。在这一体系中，危机种类不同，启动的危机预警部门也不尽相同。

1. 全方位的危机防范机制

1995年的阪神大地震是一个契机，从那时开始，日本全国都设立了计划防灾部门，预测将要发生的大规模地震，对毁坏程度做预测，并设计救灾的具体措施。

2. 小学生的地震避难演习常态化机制

东京都内的小学每个月都要进行防震防火的避难演习。新宿区立江户川小学，为使学生在地震发生时不会慌乱，每年实行一次地震演习，借助区里的地震体验车让学生“亲身经历”地震。地震体验车可以模拟七级地震时的震动。在演习中，当广播说有地震发生时，学生们立刻从平时被系在教室课椅背后的口袋里取出防灾头罩，戴在头上并跑出校舍。这样的演练增强了学生们的防灾意识。

3. 防灾用品保障机制

现在，日本越来越多的家庭日常都备有防灾用品，以应对随时可能发生的自然灾害。历史上经历过无数次大灾难袭击的日本人，用自己的智慧开发出很多用于防灾的商品。

4. 紧急避难用品防护机制

紧急避难用品包是一个用经过防火处理的聚酯材料制作的背包，里面备有最起码的日常用品，一旦灾害发生，就可立刻带上它疏散到安全处。背包内有各类用品 27 件，其中包括饮用水装运桶、罐装压缩饼干、罐装面包、矿泉水、手电筒、电池、蜡烛、火柴、防滑手套、棉毛巾、塑料袋、便携纸巾、开罐刀、护创膏、药棉、三角巾、绷带、棉花棍、剪刀、小钳子、镊子、塑料布、绳子、防尘口罩、急用哨了、摇动发光灯、固体燃料等。

（1）急用哨子

急用哨子的特殊设计在于它能发出容易被人听到的三千赫频率的声音，所以，在地震发生后，可以通过吹哨来求助。

（2）压缩内衣

圆领衫、三角裤等衣物被紧紧压缩成体积为（$110 \times 70 \times 26$）mm^3。使用时，只要用手将其松开即可。

（3）炉具五件套

这套用具中带有能烧一升热水的锅，避难时有了它，就能吃上热饭了。

（4）无须用水的洗发剂

一旦发生灾难，水就变得无比宝贵，洗发也就成为一种奢望。而这种洗发剂，只要将其抹在头发上并搓揉后用毛巾或纸巾擦净，头发的污垢就去除了。

（5）可燃烧 100 小时的蜡烛

灾难发生后会停电，夜晚就需要用蜡烛来照明。这种蜡烛能长时间燃烧，如果以每天点燃 10 小时来计算，便可以使用 10 天。

（6）手动发电的照明灯

在使用时只要使劲反复捏握把手，就可完成充电和发光。这种灯所使用的 LED（发光二极管）灯泡具有寿命长、无须干电池、有益环保的特点。充电 1 分钟，可以照明约 8 分钟。

（7）手摇充电的收音机及电灯

体积小巧，仅手掌般大小，内带收音机（限日本国内使用）、发光二极管灯泡、警铃以及具有便携电话充电功能。因为它是用手动摇杆来充电的，所以不用电池。手摇一分钟（约 120 次）的充电量，收音机可使用约 60 分钟，或是照明约 30 分钟，用于警铃的话，可发出约 5 分钟的报警声，而如果用于手机，可以通话约 3 分钟。

（8）饮用水长期保存罐

这种商品名为 MEDETANK 的饮用水长期保存罐，其罐壁内侧贴有光半导体无纺布，由于光催化的杀菌作用，它可以将自来水保存 3 年。这种存水罐需被放置在光亮的地方，以利用光的作用来杀菌。饮用水长期保存罐一般为 20 升装。此外，市场上有销售光半导体无纺布封囊，每一封囊可用于 5 升水。只要放入这种封囊，无论何种容器都会有杀菌作用。

（9）防灾兜帽

经过特殊耐热耐火加工的含铝防灾兜帽，用来保护头部不受掉落物或玻璃碎片等的伤害。日本很多小学都为每个学生备有一顶防灾兜帽。

（10）冷冻蔬菜

蔬菜经过冷冻并干燥后便成为一种易保存的食品。用热水泡开后便能恢复蔬菜本身的润泽。冷冻蔬菜可保存 3 年。

（11）阿耳法米饭

这是把煮熟的米饭用特殊的方法使之干燥后而成的。放在水里浸 60 ~ 70 分钟（热水浸 20 ~ 30 分钟）后就成为一份可口的米饭了。阿耳法米饭的保存期限为 5 年。

第六章

社会工作应急管理模式

伴随着社会转型，我国城乡社区普遍面临突发事件种类多、频率高、损失重等问题，面临应急管理的巨大挑战。为了提高应对突发事件处理的能力，我国城乡正在加快建立一体化的综合性应急管理体制和机制，统一设立以 110、119、120 等报警系统为载体的应急联动中心，建立风险预警机制，充分发挥社会组织和社会工作在应急管理中的作用，实现应急管理模式创新。

社区作为现代城乡公共治理体系的基本组成部分，是城乡应急管理系统的重要功能单元。2003 年以来，我国应急管理体系有了长足发展，但是目前应急管理体系尚未同步延伸到社区层面，而且危机应对的主导意识仍旧是传统的“管理”的理念，应急管理存在诸多亟待解决的问题。与传统的单位性质的社区相比，现代小区的住户比较封闭，居民间的互动和情感沟通较少，这种变化决定了城市社区组成的复杂性。同时，尽管现代小区服务性得到了加强，但相对应的控制性薄弱，居民之间容易引起摩擦，这些变化直接导致城乡社区成为突发公共事件的高发地和传播区域。因此，城乡社区在应对危机过程中是否发挥效力，直接影响城乡政府的应急管理能力。在城乡应急管理中，社区作为政府和公众的连接纽带是应急管理系统中不可忽视的基础力量。在此背景下，我们以公共危机治理理论为基础，并借鉴社会资本理论、系统权变理论等，将有关理论应用到我国城乡应急管理研究，提出城乡应急管理的协同模式。在此基础上，我们提出了一种城乡应急管理的协同模式，并阐述了该模式中城乡应急管理的参与主体、组织框架、协同机制，同时对该模式的内外环境进行了深入分析。

社区应急管理是对政府应急管理的有效补充。由于突发事件的复杂性、不确定性和处置的紧迫性等特点，当事件发生时，政府自身的资源配置和调度能力是有限的，在一定时期内能够投入的人力、物力和财力也受到一定限制，单单依靠政府的力量，难以独立应对大型突发事件。面对突发事件，最好的解决途径就是依靠社会力量、相互协作处理危机，即在处理突发事件时，政府发挥主导作用，通过应急管理力量积极引导社会公众全面参与应急救援，并且形成有效的协调联动机制，以此实现资源的整合和有效调配。社区居民对突发事件周边的环境和人群熟悉，当突发事件发生时，能够从自身的利益出发，提供建议，这对救援将会起到至关重要的作用。此外，社区居民的参与可以有效消除重大安全生产事故发生时可能的社会恐慌。突发事件将对社会稳定和经济发展造成严重的负面影响，可能会使人民对政府产生不信任感，不利于社会的和谐稳定与发展。在安全生产事故应急救援中，广泛的公众参与可以使社会公众及时了解事件真相，消除疑虑与紧张，避免产生恐慌等不良社会心态。社区居民部分地介入决策、监督程序，能够推进政府政策的合法性和有效性，促进社会的和谐稳定。

第一节　基于邻里守望的应急管理模式

在日本，城市的应急管理具有丰富的经验，形成了一整套科学管理模式。市民与政府部门经常联合开展系列的社区防灾救灾宣传、教育和培训，许多城市编制了“自主防灾组织手册”，鼓励居民间的自救和互救。自 20 世纪 90 年代起，美国便开始推行“减灾型社区”建设，在政府与社区之间、公共组织与民间组织之间形成多元主体的协作。到 21 世纪，在日本推行的应急管理全社区模式项目中，政府部门、社区、企业和社会组织等在应急管理中扮演着“伙伴角色”。这些都与社会工作的方法密切联系，社会工作倡导社区居民在危机应对中实施自助，社区居民与政府、企业都是合作伙伴关系。

社区是突发事件发生的第一现场，承担着重要的应急使命。社会工作就是针对社区整合有效资源，充分发挥社区各个主体的优势，形成一个功能互补、相互促进的应急管理体系，来把突发事件的发生和损失降至最低。所以，在现实中，英雄式的“蜘蛛侠”还需要体系化的社区应急管理配合才能顺利实现。

应急管理是自下而上的体系，所依托的基础是邻里守望。而邻里守望的核心是社会工作专业的自助和互助。这种自助与互助的力量，不仅来自居民之间的道德建设，还来自社区治理的能力建设。社会工作者通过政策引导，调动社区自治组织、企事业单位、居民，有效地参与到社区应急管理中。居民在日常生活中如何组织起来，增进接触、互帮互助，是其中的重要课题。作为社区应急管理的原动力，居民之间的心灵纽带、日常不断实践的互助团体，能够让关键时刻的救助得到及时响应。

在一定程度上说，应急管理与危机预防是社区居民日常生活的一部分。它与人们的学习、工作和生活息息相关。所以在社区应急管理中，应急与预防是融合在居民日常生活习惯或活动中的，社会工作正是在各项服务活动中参透这些要素。如何从日常生活细节培养预见性的思维方式，如何通过生活化的手段、丰富的生活资源把预防与应急常识运用于社区教育中，如何激发广大社会组织的创新能量，都值得思考和探索。归根结底，社区应急管理考验的是一种责任担当，提倡的是在确保自身安全的前提下为他人提供力所能及的帮助。

第二节　基于区块链技术的应急管理模式

我们进入了一个新时代，这个时代创新的强度将是互联网时代的十倍、百倍。互联网时代是信息交换的时代，而区块链时代有了价值的交换，我们可以产生数据的市场，每个人拥有自己的数据，然后在交换的过程中产生新的价值。我们在应急管理中积极运用，使之发挥重要的作用。

在无中心的突发事件与中心化管理矛盾共同构成的政府和社区应急管理工作严峻挑战的背景下，将区块链技术应用到应急管理领域，去中心化的区块链技术、无中心的突发事件和各种民众需求，与中心化的政府常态与非常态应急管理相融合，构成一个中心化与非中心化互相作用的基于区块链技术的应急管理和指挥体系。

区块链的常态与非常态应急管理体系，及其演绎出的驱动区块链应急管理体系运行的通证系统，可以支撑包括区块链应急指挥信息系统、区块链应急物流管理、区块链应急金融服务等社会化应急管理工作。

一　区块链社区应急管理体系

区块链社区应急管理体系通过去中心化的区块链技术，将需求和服务资源区块链化，运用区块链共识和信任技术提高信息采集与分发的效率，大幅度提高应急响应的效率；运用区块链物流技术实现应急响应和服务的物流管理和精准分配，节约响应成本，解决资源调度与配送的无序问题；运用区块链金融解决信息和管理不对称条件下的资源无序调度，大幅降低应急管理成本，实现集约化应急管理。同时，区块链社区应急管理体系通过综合应用区块链技术，激励更多人投身于社会化常态与非常态应急管理工作，为民纾困解难，为社会创造价值。

二　常态与非常态应急管理体系

常态与非常态应急管理工作在各个领域的应用被认为是具有“颠覆性”创新潜力的各项区块链技术，如此大规模的区块链应用场景十分罕见。如果区块链应急管理社区项目获得成功，它将不仅开创应急管理工作的新模式、新业态和新商机，也将在区块链技术应用领域成为一个新标杆。区块链技术在应急管理领域将大有作为。众所周知，应急管理肩负着保障公众生命健康、维护社会安全稳定的重要责任。

第三节　基于地方特色的应急管理模式

由于受到各种突发公共事件的直接压力，一些地方政府积极开展了社区应急管理方面的探索，形成了一些行之有效的具有地方特色的应急管理模式。

一　应急管理的“深圳模式”

深圳从单一人工观测到如今星罗棋布的“群测群防”网络，从单纯的预警预报到政府各级部门联防联控、实现了以社区为单元的预警机制，创新形成了应急管理的“深圳模式”。

改革开放以来，深圳应急管理工作呈现跳跃式发展，创造出“深圳速度”；更多更好为公众利益服务，快速、多样、准确的防灾减灾，丰富的科技、信息资源，让深圳在复杂多变的气候变化中趋利避害、防灾减灾，创造出灾害防治服务民生、服务社会经济发展的“深圳效益”。

深圳灾害性天气频繁，以“政府组织、预警先导、部门联动、社会响应”为特色的深圳防灾减灾模式将灾害造成的损失降到了最低。

1. 联防联控借社会资源“增值”

灾害防治工作深入基层，依靠联防联控才能发挥最大作用。群防群治必须紧密依靠广大社区居民的力量，通过职能部门、基层组织、社区群众、专业技术单位通力合作，共同编织灾害“防护安全网”。

目前，深圳灾害防治已经形成“共建共享、共研共用、联防联控”的防灾减灾工作新格局。

深圳防灾减灾工作需要多部门、多学科、多领域的共同合作，不断提高适应气候变化能力，既要与城市规划、建设、管理等部门共同研究制定科学防范的战略对策，也要继续充分借助深圳科技企业、研究院所、行业协会众多的优势。深圳市有关部门合作建立了灾害监测预警系统，聘请专业科研机构作为技术顾问，建设开放式的科技攻关平台。深圳市构建的“群测群防”网络中，各街道办事处、社区工作站、责任单位“分兵把守”，负责本辖区灾害隐患点的日常巡查、预防、监测、应急等防治工作，完善了日常排查、险情巡查、关键期 24 小时值班、灾情速报和防灾“明白卡”动态管理等工作制度，做到任务到点、责任到人、管理到位，不留防治的空白和盲区。

2. 多项创新技术保障精耕细作

深圳市有关部门通过多种渠道和手段，完善防灾科技创新体系，促进灾害防治科技创新，充分利用现代科学技术方法和手段，全面提高灾情调查评价、监测预警、防治规划、防灾工程治理的科技含量和技术水平，为灾害防治提供强有力的技术支撑。

深圳有关防灾系统的开发，一方面提升了特区内灾害防治工作水平，另一方面通过构建统一的管理平台，使灾害防治工作规范有序地开展，初步实现了资源集约化、管理动态化、流程精细化的高效管理目标。目前该系统已进入良性运行阶段。[①]

深圳市成立了处置紧急事件部门，作为全市紧急事务处置的常设综合协调机构。建立市一级的应急总指挥中心，各相关单位也成立了相对独立的应急指挥中心，与总指挥中心实现了互联互通，各部门的分中心均由专门机构和人员负责管理，如日常接警、处理、上报、统计和指挥中心的技术维护和人员培训。这种模式的主要优势是建立了较为完善的经济事务处理管理体系，组织机构健全，管理相对规范，但同时面临投入巨大、机构膨胀的问题。

二　应急管理的“鞍山模式”

在积极推动社会治理工作中，鞍山市由过去的党委、政府“两轮驱动”，向“党委领导、政府负责、社会协同、公众参与”的“四轮驱动”转变，“鞍山模式”的形成，得到了党和国家的充分肯定。

2010 年以来，在鞍山市委、市政府的领导下，全市围绕“民生改善、社会和谐”的目标，全面加强和创新社会治理，成立了市社会治理委员会，县（市）区成立社会治理服务委员会，乡镇（街道）成立社会治理服务办公室，村居（社区）成立群众利益诉求和社会服务工作站。利用现有行政资源，鞍山市社会治理委员会在市直部门中横向设立 2 个部、5 个中心、7 个办公室、33 个成员单位。全市形成了“纵向到底、横向到边”的社会治理新体制，形成了各个层级、多个部门相互协调的社会治理新格局，初步形成了“鞍山特色”、创造了“鞍山经验”。

① 《深圳商报》：《地质防灾减灾创“深圳模式”》，《深圳商报》2009 年 4 月 8 日。

为了推进各级党委和政府把工作重心更多地转向社会治理服务，鞍山市转变社会治理服务职能，对各级社会治理职能进行了重新明确和定位，全市社区普遍建立了服务大厅，设立服务窗口，为群众提供“一站式”便民服务。城区38个街道完成职能转换，把工作重心转向主要开展社会治理服务。鞍山市建立了多渠道的群众利益诉求表达机制。全市普遍建立了群众利益诉求应诉办公室，设立了诉求信箱，建设了“96715”群众利益诉求受理及社会服务监督网，通过信访大厅、市民投诉中心，网络电话，信函，新闻媒体，领导接访，基层干部走访，各级党代表和人大代表、政协委员走访等多种渠道，广泛受理群众诉求。组织开展社会管理“万千百工程”，1万多名干部深入11万余户家庭、1000多家企业，为群众解决实际困难1300多件，解决企业困难近百件；寻找出带有共性的“群众最期盼解决的事”387件，已解决330多件，并注重发掘规律，把解决好一个人的问题延伸到解决好一类人的问题，把处理好一件事延伸到处理好一类事。在此基础上，建立了多层次的群众利益诉求调解机制。坚持单位调解、社区调解、组织调解、社会调解、行业调解相结合，进一步完善了行政调解、司法调解、人民调解“三调联动”机制。大力发展民间调解组织，各县（市）区、开发区都聘请了具有一定社会影响力的党代表、人大代表、政协委员、律师、民间调解员，组成民间调解队，化解疑难社会问题。

鞍山市还通过实施社会治理网格化、不断创新社会治理考核评价体系。从加强对人民群众的服务管理入手，创新基层社会治理模式，推行网格化管理，把全市按城区的街道、社区、楼宇和农村地区的乡镇、村、村民小组细化成三级网格，每个网格都安排一名网格管理员。在充分掌握人口信息的基础上，把了解社情民意、维护治安、服务居民群众、环境监督整治、排查化解矛盾、社会组织管理服务、流动人口及特殊人群管理服务等全部纳入网格化管理范畴。努力做到网格内的情况在第一时间有人知晓、事情在第一时间有人处理，使基层的社会治理服务工作更具体、更直接、更细致，解决问题更迅速，群众更满意。

“鞍山模式”的创新在于把应急处置工作嵌入社会治理过程，把人防部门作为防灾救援工作的综合协调部门，按照“平战结合、军政结合、防教结合、分级管理、联合救援、社会参与、资源共享”的原则，依托地方防空系统的战时人民防空指挥体系、保障体系、专业队伍体系，整合地方政府各部门资源，构建起“政府和军事机关统一领导，民防部门负责综合协调，各有关部门分工协作，对重特大灾害事故实行综合预防和联合救援，实现战时防空抗毁与平时防灾救援一体化”的突发事件应急处理体制。这种模式的优点在于投入不大，依靠人防系统业已形成的指挥领导体系，就可以形成一套比较完善的危机应对机制。但缺点在于人防部门应急处置经验较少，在具体处置时难以有效协调与其他部门的关系。

三　应急管理的“南宁模式”

南宁市的城市应急联动系统利用先进的信息技术，对各种分离的信息与通信资源进行系统集成，搭建统一的信息接收和处理平台，将110匪警、119火警、122交通事故报警、120急救电话以及12345市长热线，纳入统一指挥调度系统，成立了城市应急联动中心，抽调各部门人员实行集中接案，从而实现了跨部门、跨警区、跨警种的信息资源共享和统一指挥协调。这种模式将各部门分离的信息系统进行了集成，形成了一个全市统一的指挥调度中心，提高了指挥效能。但由于城市应急联动中心上下均无对应单位，法律边界不清，虽解决了原体制下报警、接警和处警问题，但无法解决危机决策、预警、危机处理过程中公共沟通以及经验总结等方面的问题。

1. 一键联动四部门

在南宁城市应急联动中心五楼，110报警服务台、119火警台、120急救中心、122交通事故报警台统一在一个房间里接警，一旦某一个部门发现报警需要其他部门配合，就会摁下联动键，其他警种会立刻收到报警信息，根据需要出警。遇到复杂事件，则由值班主任统一协调调度。如果遇到特大灾害事故，市委、市政府的领导会坐镇联动中心，指挥协调各个警种。

这是南宁城市应急联动系统的一期工程，投资1.68亿元。利用集成的数字化、网络化技术，整合110、120、119、122紧急电话，将应急救助纳入统一的指挥调度系统，实现跨部门、跨警区及不同警种之间的资源共享。

在联动中心的二期工程，将政府各部门分散的、以“123”为特服号的资源（如法律援助12348、物价投诉12358和环保投诉12369等），整合为统一的12345市民公开电话，为政府搭建统一的平台，处置所有非紧急求助并提供政府公共信息。

联动中心的三期工程是重大灾害联动平台。这一平台将防洪、防震、防空、护林防火等纳入该系统，将为南宁提供一套应对涉及面广、持续时间长、社会经济影响大的重大灾害事件应急联动指挥系统。

系统建立后产生了明显的规模效应。应急管理系统建立前110、119、120、122四个报警服务台，每天总共只能接听报警求助电话800个左右；系统启动后，日均受理报警求助电话5000多个，最多时达7000多个，处理能力提高5倍以上。系统的响应时间也大为缩短，现在只需2秒，远远高于国内行业标准10秒的要求，略低于美国1.6秒响应时间的标准。

2. 应急管理体制突破是关键

其实，早在1998年国家就希望建立这样一个社会联动的防控体系，思路是依托110，联动相关单位，提高城市管理和服务水平。但受体制、运行机制和技术手段等因素的制约，实际执行效果并不理想。

南宁的城市应急联动系统于2001年11月11日投入试运行，2002年4月正式运行。2002年5月1日，南宁市人民政府颁布《南宁市社会应急联动规定（试行）》。2004年12月，系统通过专家组验收。

与目前国内大多数城市以公安部门为主导的应急救助模式不同，南宁采取了“政府主导、部门联动、社会参与”的模式，南宁市政府专门成立了一个城市应急联动中心，由市政府直接领导，具有统一指挥协调公安、消防、医疗救护等部门的功能。中心主任和副主任均由南宁市政府直接任命，出警人员主要由公安、交通、消防等联动部门派驻，采取集中办公，接受中心和原单位的双重领导。新体制打破了条块分割、部门“信息孤岛”的制约，为技术革新提供了体制保障。

南宁之所以能建成“政府主导、部门联动、社会参与”的模式，关键在于南宁市政府的重视和支持。城市信息化对南宁尤为重要，南宁已经将自己的发展定位在东盟和内地的信息枢纽。目前，南宁和西门子通信集团签订了“数字南宁计划”，预计建设亚洲第一个固网和移动网络融合的FMC平台，把现在孤立的政府网络、各种专网、商业应用网络集合成一体化的服务平台。

由于“南宁模式”的可操作性强、效果好，科技部、国家质检总局和信息产业部都成立了专门课题对其追踪研究，有的城市甚至将“南宁模式”加以改良，把应急联动中心设在了政府办公厅。

3. 多个“第一”构建“南宁模式”

该系统还为南宁市荣获全国第一批（16个城市）国家信息化建设试点城市做出了重大贡献。南宁市作为我国第一个城市公共安全综合试点城市，承担国家“十五”科技攻关项目“重大工业事故与大城市火灾防范及应急技术研究”。该项目以南宁市应急联动系统为基础平台，对城市公共安全进行全面综合的研究和试点。2002年4月1日，南宁市人民政府发布了《南宁市社会应急联动规定（试行）》，这是中国第一个多部门、多警种应急联动法规。

该系统的地理信息子系统是国内第一个图层，信息量大，由公安、交警、消防、急救、防洪、护林防火、防震、防空、水、电、气等56类应急救助资源和经济社会发展信息构建而成的信息化、数字化的平台，覆盖了1.0029万平方公里的辖区。目前，南宁市已经成为全国具备使用一个统一报警特服号码条件的城市。

4. 在“移植”中创新

1998年，国务院提出要在全国部署社会服务联合行动工作，希望通过各部门的联合行动，最终建立起一套社会化的公共救助体系。经过多方调研，南宁市发现美国911应急联动的模式具有很多值得借鉴的经验。1999年10月，南宁市领导到美国芝加哥摩托罗拉公司总部和911中心进行了考察。之后，南宁市委、市政府决心以应急联动系统的建设，作为进一步加强城市公共应急救助服务和社会治安综合治理、提高城市现代化管理水平的切入点。2000年3月，南宁市委、市政府成立南宁市城市应急联动系统建设项目领导小组。2000年10月，国家计委批准项目立项，2001年5月又批复了项目的可行性研究报告。该系统由摩托罗拉公司负责系统设计和技术总集成，国防科技大学提供技术支持，南宁市城市应急联动中心组织国内有关部门和企业开发研制相关系列软件。

该系统借鉴了美国 911 系统的经验，更重要的是南宁市在建设系统的过程中进行了大量创新，并取得了诸多突破。首先是机构的创新。南宁市城市应急联动中心是直属市政府的正处级事业单位。该中心负责调度相关资源直接处置紧急事件，并具有越级指挥权、联合行动指挥权和临时指定管辖权。

四 应急管理的“青岛模式”

为了进一步加强社区应急管理工作，青岛市八大峡街道办事处创新“123N”社区应急管理模式，实践证明，成效较好。

“1”是指建立一个数据库。根据应急管理的需要，八大峡街道办事处建立了社区居住人员数据库，实现对管区内救助群体“一库清”。该街道对 1.3 万名老人、1300 名残疾人、600 户低保家庭、14 家教育机构的 6000 余名学生的资料详细建档，同时对管区内 19 家医疗机构、48 家商场、39 家旅馆等进行详细登记，并与其签订协议，使其兼具应急物资储备库功能，以备应急之需。

“2”是指建立横向、纵向两个体系，即建立横向覆盖全管区、纵向延伸到户、纵横联动的组织动员体系；横向体系联系驻区单位，建立突发事件处置联席会议制度，迅速传递应急信息，商讨应急对策，聚集应急资源，开展应急救助；纵向体系建立街、居、组、户四级纵向的组织动员体系，范围一直延伸到楼院、家庭；下设消防安全、食品安全、生产安全、医疗安全等 10 个专项小组，广泛吸收各单位不同专业技术人员、社区志愿者和居民代表参加。

“3”是指海陆空三维防护。根据辖区的地理位置，八大峡街道办事处实施海上救助以边防派出所为协调中心，以青钢、友谊两个码头为基地，以各种旅游船只为保障；陆地以办事处为协调中心，以各居委会为联络点，以社区资源为保障；空中以团岛驻军为核心，以团岛飞机场为基地，以水上飞机为保障。

“N”是指成立多支5分钟救援队伍。八大峡街道办事处整合辖区人力资源，建立了与驻街部队、公安消防、预备役民兵和驻地有关单位的应急工作联动机制和统一高效的专业应急救援体系，组织成立了“N”支不同类别的5分钟应急救援和信息员队伍、“N”支志愿者队伍。①

① 青岛市安监局：《青岛市八大峡街道办事处建立“123N”社区应急管理》，http://www.sdaj.gov.cn/ind...2008.1.30，最后访问日期：2008年1月31日。

参考文献

鲍勇剑、陈百助：《危机管理——当最坏的情况发生时》，复旦大学出版社，2003。

段华明编著《突发事件应对能力提升》，广东人民出版社，2007。

冯惠玲主编《公共危机启示录——对 SARS 的多维审视》，中国人民大学出版社，2003。

胡百精主编《中国危机管理报告 2008—2009》，中国人民大学出版社，2010。

劳伦斯·巴顿：《组织危机管理》，符彩霞译，清华大学出版社，2002。

李程伟：《公共危机管理——理论与实践探索》，中国政法大学出版社，2006。

李经中编著《政府危机管理》，中国城市出版社，2003。

刘刚：《危机管理》，中国经济出版社，2004。

罗伯特·希斯：《危机管理》，王成、宋炳辉、金瑛译，中信出版社，2001。

罗伯特·丹哈特：《公共组织理论》（第 2 版），项龙、刘俊生译，华夏出版社，2002。

MBA 核心课程编译组编译《应急管理》，九州出版社，2002。

诺曼·R. 奥古斯丁：《危机管理》，中国人民大学出版社，2001。

童星、张海波等：《中国应急管理：理论、实践、政策》，社会科学文献出版社，2012。

王宏伟：《突发事件应急管理：预防处置与恢复重建》，中央广播电视大学出版社，2009。

肖鹏军主编《公共危机管理导论》，中国人民大学出版社，2008。
谢建社、朱明：《社会冲突管理的理论与实践》，江西人民出版社，2005。
谢建社：《中国社区工作本土化研究》，广东人民出版社，2013。
谢建社、何大进编著《中国社会工作创新与管理》，广东人民出版社，2012。
徐伟新：《国家与政府的危机管理》，江西人民出版社，2003。
许文惠、张成福：《危机状态下的政府管理》，中国人民大学出版社，1998。
赵延东：《社会网络在灾害治理中的作用——基于汶川地震灾区调查的研究》，《中国软科学》2011 年第 8 期。
赵延东：《社会资本与灾后恢复——一项自然灾害的社会学研究》，《社会学研究》2007 年第 5 期。
赵延东、邓大胜、李睿婕：《汶川地震灾区的社会资本状况分析》，《中国软科学》2010 年第 8 期。
中国行政管理学会课题组：《中国转型期群体性突发事件对策研究》，学苑出版社，2003。
钟倩如、唐佳丽、许敏：《社区危机管理的现状及对策探讨》，《劳动保障世界》2010 年第 12 期。
朱德武：《危机管理——面对突发事件的抉择》，广东经济出版社，2002。
朱力、韩勇、乔晓征：《我国重大突发事件解析》，南京大学出版社，2009。

后　记

新冠肺炎疫情在全国范围内的联防联控，体现了强大的抗“疫”动员能力，让世界震惊。

随着中国社会的快速发展，社区居民危机应对意识不断增强，危机的预警准备、危机快速反应、危机后的重建等工作也在不断发生变化。第一，我国各级政府的危机意识不断增强。首先是党和国家高度认识到应急管理的重大意义，保持高度警觉，实时调整危机应对策略，并将危机应对工作纳入共建共治共享格局。第二，建立常设性的应急管理部门，构建权责明晰的危机预防机制和危机反应机制。各级政府部门会同各方专家，对各类危机事件进行分类治理，从国家安全的高度制定长期的应急预案。在危机应对机制中，对于发生的危机事件，设立第三方独立调查制度，公正甄别事件诱因；建立有效的公共危机沟通机制；转变各级政府相应机构职能，切实发挥社会稳定安全阀作用。第三，开展社区应急管理素质教育，增强社会应对危机的能力。重视全民的应急管理教育，使社区居民都能了解各种危机发生的过程，掌握自我保护方法，增强危机应对能力。第四，加强政校合作，大力推进应急管理研究。各级政府部门尽快推动有关应急管理的研究，加强与高校、科研院所的合作，建立各类危机事件案例库，从理论总结到实践操作全方位寻求符合中国国情、政情和社情的解决方案。第五，加强社会工作介入应急管理工作，发挥社会工作专业优势。面对新冠肺炎疫情这一重大突发公共卫生事件，社会工作在应对时发挥了专业优势、做出了应有贡献。我们应当以此次疫情防控为契机，在国家层面赋予社会工作应急管理的法律地位，在政府层面将社会工作纳入各级应急管理机制使之成为统一调配的力量。由此可见，应急管理作为社会治理的重要组成部分，发挥作用的空间还很大，需要我们不断探索，不断创新社会工作应急管理模式。

本书中的前言、第三章、第四章、第六章、后记由谢建社撰写，第一章、第二章、第五章由张雅婷、谢建社撰写。在撰写过程中，我们得到了国内高校专家学者、地方政府领导的大力支持，他们提供了大量的一手材料。社会科学文献出版社的领导对本书的出版给予了大力帮助，群学出版分社的编辑更是付出了辛勤的劳动，借此机会，一并表示深深的谢意！

在写作过程中，作者学习并引用了许多专家和学者的科研成果，在此表示衷心的感谢；在参考文献中若有遗漏之处，也请大家谅解。由于作者水平有限，本书中的错误和不足之处在所难免，凡有不准确、不全面之处，恳请广大读者批评指正。

2020 年 3 月 22 日于羊城

图书在版编目(CIP)数据

社会工作应急管理 / 谢建社编著. -- 北京 : 社会科学文献出版社, 2023.5

(社会工作管理丛书)

ISBN 978 - 7 - 5228 - 1782 - 8

Ⅰ.①社… Ⅱ.①谢… Ⅲ.①社会工作 - 应急对策 - 研究 - 中国 Ⅳ.①D632②X92

中国国家版本馆 CIP 数据核字(2023)第 079102 号

社会工作管理丛书
社会工作应急管理

编　　著 / 谢建社

出 版 人 / 王利民
责任编辑 / 胡庆英
责任印制 / 王京美

出　　版 / 社会科学文献出版社 · 群学出版分社 (010) 59367002
地址: 北京市北三环中路甲 29 号院华龙大厦　邮编: 100029
网址: www.ssap.com.cn
发　　行 / 社会科学文献出版社 (010) 59367028
印　　装 / 三河市尚艺印装有限公司

规　　格 / 开 本: 787mm × 1092mm　1/16
印 张: 10.75　字 数: 171 千字
版　　次 / 2023 年 5 月第 1 版　2023 年 5 月第 1 次印刷
书　　号 / ISBN 978 - 7 - 5228 - 1782 - 8
定　　价 / 79.00 元

读者服务电话: 4008918866